Leben ist eine kunst:

Wege zu einem erfüllten Leben

你是最美的生活

欧洲最受欢迎天赋挖掘指导手册

（德）尼古拉斯·B·恩格尔曼／著
Nikolaus B. Enkelmann

聂宗洋／译

北京联合出版公司
Beijing United Publishing Co.,Ltd.

图书在版编目（CIP）数据

你是最美的生活 / (德) 恩格尔曼著；聂宗洋译. —北京：北京联合出版公司, 2016.1

ISBN 978-7-5502-5254-7

Ⅰ. ①你… Ⅱ. ①恩… ②聂… Ⅲ. ①成功心理—通俗读物 Ⅳ. ①B848.4-49

中国版本图书馆CIP数据核字（2015）第091623号

北京市版权局著作权合同登记　图字：01-2015-2142

你是最美的生活

作　　者：尼古拉斯·B·恩格尔曼
译　　者：聂宗洋
责任编辑：王　巍
装帧设计：刘红刚

北京联合出版公司出版
（北京市西城区德外大街83号楼9层　100088）
北京盛通印刷股份有限公司印刷　新华书店经销
字数160千字　880毫米×1230毫米　1/16　印张15
2016年1月第1版　2016年1月第1次印刷

ISBN 978-7-5502-5254-7
定价：39.80元

目录

引言　积极思维

危机就是机遇

学着让自己快乐，才能尽可能地不给别人带来痛苦。

——弗里德里希·尼采

所有人都在谈论危机，我们例外。多数媒体对于未来的断言都充满悲观的论调，难道这种悲观主义是引导我们未来的指南吗？显而易见，人类是一种易受影响的生物。报纸杂志上的大字标题、电视网络中的糟糕消息已经在许多人的脑海里播下了消极信念的种子，我们是否已到达经济增长的极限成为备受关注的问题。

生活，重在“破旧立新”，在经济生活中亦是如此。对于个体而言，生活也存在着两种可能性：在过去取得的成就中享受安逸，或是在未来继续努力、再创新高。当一个人止步不前、不再致力于完善自己或者改善某种境况、不思改变时，便产生了危机。所以，

"停滞即是倒退"——这类座右铭在生活中比比皆是。而在所有的危机时刻，都不乏关于如何处理问题或正面或反面的范例，有人叫苦不迭，有人屹立不倒；有公司宣告破产，有公司却销售额破亿。

我们观察的出发点是以下两个问题：

· 境况类似，为何有的更好，而有的走了下坡路？

· 这种现象仅是天意巧合，还是属于人力为之？

显然这一道理是人所共知的：人类不会按照世界的本来面貌（即客观现实）去认识它，而总是在用自己的眼光看待它。有一则印度谚语是这样讲的：**"每个人都透过适合自己眼睛的眼镜来观察世界。"**因此，每个人看到的都是他愿意看到的一面，这样他的行为就恰如他的态度：轻松愉快、热情洋溢、激情满怀，或是完全相反——犹豫踟蹰、愤愤不平、悲观消极。乐观派会发现生活中的机遇并善加利用，悲观派看到的发展前景则与乐观派所看到的截然相反。于是两者在相似的情境中表现迥异，由此也就走上了不同的发展道路：一种有着积极的开端，另一种则以消极开路——这种分歧将随着时间的推移而愈演愈烈。其实我们并非只能对生活做出被动反应，我们也有通过自己的行动掌握先机、让其他人做出反应的能力。也就是说，积极或消极发展的开端和根源恰恰是我们自己。

一开始有了一个想法，随之而来的是方法，而后是行动。

从医学中我们了解了“安慰剂效应”，即“期望效应”这一概念。安慰剂只是看起来像药，实际上却不含任何有效成分。当患者有强烈的药物需求时（药物依赖），医生偶尔会将安慰剂开给他们。患者服药后觉得有所好转，其实是心理作用，而非药物疗效。在测试条件下有20%~40%的人对安慰剂有所反应。以下实验也证明了这种思维的力量：

有人在芝加哥组织了两个学生小组，其共同的任务是训练小白鼠。第一组学生被告知，这些小白鼠是由特殊育种而来的智力超常的老鼠；第二组则被告知，它们只是普通品种。四周后人们将两组的训练进行了比较，结果恰如所料：第一组的训练成果比第二组要好，尽管所有的小白鼠其实都属于同一品种。

另一个类似的例子表明，上述结论不仅适用于老鼠，也同样适用于人类。这里研究的是师生关系：

一组心理学家为一个班级的学生测试了智商，并在随后的教师会议上公布了测试结果，同时提到了四个在测试中表现最好的学生的名字。一年后，教师们被问及“所有学生在这一年中表现如何”时，结果不出所料：那四个在第一次会议上被提名的学生已经名列

前茅。他们备受关注，被严格要求，并因此取得了进步。期望带来了显著的成果，因为那四名学生其实原本资质平平。

这些例子表明：只有那些受到我们关注的东西才对我们有意义。因此我们在未来的生活中应该更加关注积极的可能性与机遇，尽量少将关注的目光投向对危机的报道。

快乐是生活的基本原则。

充实的生活应该是充满乐趣的，人会对自己的处境心满意足，会觉得自己好像能拥抱整个世界，强大到似乎可以拔起大树。只可惜大多数人缺乏这种兴致，我们大多数人在童年时就已经失去了这种乐趣。也许你们对这句话不陌生：“**早晨还在唱歌的鸟，晚上就已经喂了猫。**”我们应该让自己的意识摆脱此类消极暗示的影响，若能如此，我们才能卸下这种精神负担，获得灵魂的自由。理想的生活态度应该是愉悦、乐观，并怀有某种积极的期待。

我们的生活其实是一条由过去通向未来的道路，而我们大家都是这条道路上的漫游者。我希望，它对您来说是一条成功大道，希望您是积极生活哲学的忠实信徒，因为我们生活的世界充满了奇迹。当然，我们也生活在一个充满危险的世界中，但对我们来说，更重要的是相信：我们生活的世界充满了瞬息万变的机遇。回顾历史，作为个人，我们今天拥有的机遇之多是前所未有的，我们应该怀着愉悦的心情对其加以利用。

在这条通往未来的道路上，我们都需要些什么呢？乐观主义和明确的计划。要有对未来的规划，并且从心底相信自己。积极的人不会谈论他们的问题、困难或担忧，而只会说起他们的目标、希冀、梦想、愿望和积极的道路。中世纪曾有一些炼金术士，他们试着把廉价的金属炼成黄金。而我希望的是：愿这本书能帮助您成为精神层面上的炼金术士，使您拥有化不幸为幸福的能力。对于我们的日常生活来说，这才是真正令人赞叹的魔法。我希望您能获得这样的评价：**他有一只神奇的手，能够点万物而成金。**

人最接近神的时刻，便是他自己获得成功并能够使他人幸福之时。

成功的哲学

造物者赋予人类智慧，是为了让他能够认识自然界的奇妙法则，并将这种认识作为个人境遇法则的基础。

——约翰内斯·开普勒

仔细看我们阴阳形象的标志，您会注意到他由两腿支撑的稳定站姿。这一形象的力量在于中部，即东亚人所说的“丹田”。在胃部到骨盆的这一区域间，消化作用得以实现，由此人体才能得到新的能量，这里正是他力量的来源。只有从根本上巩固这一区域，人才能得到其他器官及大脑所需的力量。

我们的成功学是由西方哲学支撑的，在《旧约》和《新约》中都能找到对它的认同。我们接受并赞同基督教的基本价值观念，深知信仰的力量。从智者纳旦那里我们得知，通向上帝的真理之门不

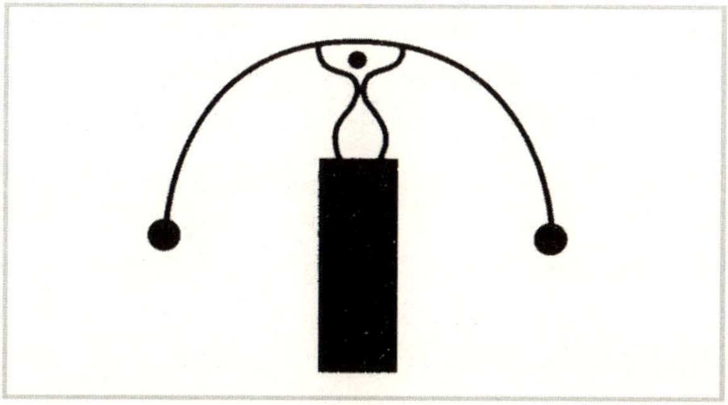

图1：阴阳形象

止一扇，由此我们得以超越宗教信仰并对其持宽容态度。对我们来说，重要的不是帮助您重建信仰，而是帮助您理解并强化信仰。在信仰中获得安宁并与之相伴而行的人，会比那些只依靠自己的人更容易解决问题、掌控人生。

然而我们的目的并非要建立某种新的宗教团体或教派，在这一点上我们与其他人有着根本的区别。每种信仰都有其真理，认同并接受这个真理很重要。只有当人们真正相信了，信仰才能发挥作用。我们想做的是强化您的信仰，并防止宗派主义。只有基于一种可靠的世界观，我们才能规划并构建我们的人生。因此，我们的成功学不仅仅是关于信仰的，我们也乐意基于科学知识去探索、承认并吸收医学、遗传学、精神分析学和人类学等研究成果。

倘若一个人拥有（或者想要拥有）一个稳固的立足点，那么他就该从自己的中部汲取力量。只有自己站稳脚跟，我们才能忍受这个多元化的社会，否则内心的复杂多变会更令人惶恐不安。我知道，这一观点也许会让一些人觉得无法接受，他们早在几年前就不断地吸收各种信息、方法、思想体系，想借此来寻求安全感，平复内心的躁动，以达到宁静和谐，拾得信心与智慧——可惜这是徒劳的。宁静、安全感与智慧，都是在一个人的阅历、经验与成功中逐渐积累起来的，只有它们能为我们提供可靠的保证：**“好树结好果”**——《圣经》如是说。

音乐中有这样一个概念：“变奏主题。”当您关注许多人的生活时，生活就仅仅由变奏构成了，那么，要想从中找出或听出基本主题的可能性就微乎其微了。在脑海中简单过一遍您喜爱的所有曲子，不难发现它们各自都有突出的基本主题。因为在千万曲调之中，只有它们能让人听出，并且作为独一无二的特征加以识别。

只有能认识到自己的独特性并肯定自身价值的人，才能让自身拥有稳定而抗压的支点。

由此我要划清我们的学说与其他所有学说、方法的明确界限。我们的学说不涉及那些形而上的推想或此类非理性的理论可能性。不，对我们而言，日常生活及其形形色色的事务才是我们接受考验、证明自己的场所，这也是我们希望并且能够得到幸福之处；或者，当然也可能是绝望、抑郁、内心漂泊无依的发源地。

我们所讲的是**“成功之路”**。而成功学要完成以下三个任务：

1. 帮助学习者找到并肯定其个人的任务与目标；

2. 提升个人勇气与自我认知，并不断强化其意愿，以使其能够乐观地走上这条已找到的路；

3. 学习资料将为学习者提供所必需的指导工具，以助其实现个人愿望，达到个人目标，完善人格发展。

但对于那些希望由我来使他们获得成功，并替他们完成其个人任务的人来说，这显然是十分困难的。就像人必须自己吃饭、喝水一样，成功也只能由他自己去完成。别人可以在旁全力支持，但他的路只能由他独自且独立地去走。

对于那些始终在寻找的学习者来说，这同样是困难的。《圣经》中所说的“寻找便能找到”当然是正确的，但问题在于许多人只是不停地在寻找。归根结底，其实是他们根本不愿意找到。他们若想找到自己的道路、任务与途径，则必须认真对待，直接行动起来。但只要还在寻找，他们便会将自己封闭在梦想、儿戏与空想理论中。这正是他们大张旗鼓地寻找、生活却丝毫没有起色的原因。

您会发现许多人一听到“成功”这个词，马上不屑一顾，即使是强调逻辑的思想家们也难逃这一窠臼。他们显然都把成功这一概念只等同于赚钱了。可我们说贝多芬是个成功的人，究竟是因为他有钱，还是因为他创作了无与伦比的音乐？我们认为罗伯特·科赫是个成功的人，是因为他有房，还是因为他发现了结核杆菌？弗洛伦丝·南丁格尔也是这样的一位成功女性吗？还有特雷莎修女呢？

成功即自私自利的反面。

在生活中只考虑自己利益的人容易变得抑郁，这种人会失去他的价值。但我们知道，人是一种自己决定自身价值的生物，人会通过他所促成的结果来收获价值——他自身的价值。因此我们的成功学对那些消极的利己主义者来说根本一文不值。我们成功学的轴心与核心是基督教精神：爱邻人如爱己。

积极的人总是致力于为别人带来好处，并在更大的背景下思考问题，也许他们也会突然想到阴和阳。有播种就会有收获，有付出就会有回报，从中您能感受到公平的正义性。如果您自己付出了很多，甚至是最好的，那么您理应有所收获，无须考虑或担心他人的忌妒，因为忌妒始终是一种自卑情绪的表达。

因此，我对一些人根本无法理解。他们索取所能得到的一切，却从不考虑自己可以贡献些什么。凡是有生命的都需要成功。一株小草，一个萌芽，一棵大树，一个动物，一个人，无论长幼，都需要成功。成功即生活：因为生活意味着成长。所有有生命的生物都在不可阻挡地向前继续发展——无论前进的方向是否可控。但一个重要的事实是，一切都在不可阻挡地成长着，因此我们所说的并不是某次短暂的成功，而是一生的成长过程。只有从内部孕育出成功的人，才能一辈子都健康成长，成为一个成功的人。因此，持续的成功其实是一个关乎我们思想、世界观乃至整个人格的问题。

不相信其人生意义的人，对美好一定也持怀疑态度。不能对长远发展保持乐观的人，其毅力是无法被有效激发的。因此，关于我们世界观的问题就成了决定一种成功学是否有价值的核心问题。科技的进步以及随之产生的繁荣，应当被看作是一种价值、是人类文明前进的标志。有的秘传信徒不能理解或不愿承认，追求完美其实并不需要遁世。相反，这种追求恰恰在于，我们的理想或目标能在此世中得以实现。追求繁荣与幸福，也就是我们现在所说的追求更高的生活水平，并不需要借助物质主义思想来表达，其伦理与宗教意义就存在于它本身的表述中。

如果说上帝按照自己的形象创造了人类，并将人类尊为这个世界的共同创造者，那么我们也应该对人类的工作和职业致以敬意。我们应该认识到，逃避责任、浪费天资或放弃其合适位置的人，都没有顺应自然而生活。与之相反，那些在日常工作中塑造并完善自己的人才是符合造物主设想的。故此，工作之于我们，有着极其重要的意义，它是一种清醒、严肃、客观的活动，体现着人类为了实现目标而具有的精神和肉体上的能力，关乎人类自身与人类社会意义的实现。

在此我们不想夸大脑力劳动与体力劳动除表述不同外其他的差异，因为人类作为灵肉合一的生命体，从事的一切活动都始终是脑力与体力并存的。因而只能说，有的活动脑力部分略胜，而有的活动体力部分稍多。二者意义的实现同样在于人，只有人的参与才使它变得有意义。职业，即我们所说的或多或少充实我们生活、完成毕生使命或终身事业的活动，通常我们要靠它来维持生计。

在工作中应该达成的三个目标：

- 首先是生计问题；
- 其次是在集体中生活与为集体做出的贡献；
- 最后是个人人格的自我完善。

这种清醒的使命感是人类所特有的。科技的持续发展也为个人的长远发展提供了可能。因此，一套成功学必须始终致力于让每个人都能清楚地认识到其长远的发展机遇。

“愿望—计划—尝试—成功！”这应该成为您的人生格言，以使您区别于那些受骗者。本书正是为了在这一点上对您有所帮助。在您走上自己的“成功之路”前，请您相信以下这十四条思维法则，它们在之后的部分会一再出现，而对我来说，它们正阐释了**“完善生活的基本原则”**。

完善生活的十四条思维法则：

1．只有人类拥有清醒思考、计划组织的能力，只有人类可以有目的地影响他的自身、他的命运以及他的未来。

2．每个行为都以想法开路，只有想到的才有存在的可能。

3．想法会在潜意识中自我生长，从人自身生发或是借由外界的影响。

4．潜意识是生活的施工地和灵魂的工作室，它有着实现每个想法的潜力。

5．一个小小的思维火花可以燃起一片耀眼的火光。

6．要生长就要有营养，而想法的营养就是专注。

7．自觉或不自觉的专注是生命活力的浓缩体现。

8．在情感与理智的较量中，获胜的总是情感。

9．情感会引导或强化专注力，潜移默化，却影响巨大。

10．有了目标明确的决定，注意力便会集中到每个被选出的关键点上。

11．重视带来巩固，忽视导致涣散。

12．肯定会激发力量，否定会毁掉活力。

13．不断重复一个想法首先会使之变得可信，随后它则会成为根深蒂固的信念（同样适用于消极方面）。

14．相信促成行动，专注引领成功，重复成就精通。

第一章

自我暗示

意识的层次

所谓学习，是灵魂在追忆往昔。

——柏拉图

您是否会经常这样问自己：“我究竟为什么会成为现在的样子，而没有成为完全不同的另外一个人？我为什么没有像计划好的那样做，而是一再地这样做？是什么在左右着我，让我成了现在的样子？”而其中最重要的问题是：“我有机会进行自我修正吗？”假如一个人根本不能认识自己，那他怎么能获得健康的自我价值观呢？

现代人类已经很聪明了，可以说是绝顶聪明。基于所受的教育和个人经历，人们所能了解的事情是无限的，人们的基本知识一直在累积。我们可以了解到火星或月球表面是什么样子的；然而我们的内心是怎样的，我们为什么会成为我们，我们为什么为此不为彼或为彼不为此，为什么对这个偏爱有加，而对那个冷眼相待——所有这些问题，尽管对我们的人生至关重要，我们却极少关注。而我们人生的幸福和成功却恰恰与这些从内心深处操纵、掌控、引导我们的东西息息相关。

假如买了台相机，我们一定会首先仔细研究使用说明，以拍出理想的照片。因为若是设置不正确，自然无法精确地捕捉图像。正如摄影师必须关注如何正确设置他的相机一样，人也必须关注自己的内心活动。因为只有当我们正确设置了自己，并认准了同样重要与不可或缺的东西时，我们才能实现长远发展。

现在人们对自己都了解些什么呢？近年来的心理学与现代脑科学带来了许多新发现，它们显示了对个人来说什么才是重要并具有决定性意义的。借助于这些知识，我们可以更好地自我发展和生活。人类在地球上活动的痕迹大约可以追溯到40万年前，而考古学家会告诉我们，人类是如何代代传承、持续向前发展的。智人持续不断的发展是依靠我们的大脑与意识的作用才得以实现的。在上亿年的演化历程中，自然界为人类创造了神经系统，让人面对世界上的种种阻力不是只能尽力维持，而是从实际上赋予了他有意识地构建自己未来的能力。因此许多研究人员都称大脑为首要生存工具，是它让人得以维持生命、实现自我。

为了更好地解释我们的大脑活动，我想将人脑与电脑进行对比。我们对电脑这种现代机器通常满怀敬意，为它的高效感到由衷的赞叹，而我们的大脑其实完全可以达到同样甚至更高的效率。人的大脑，即我们自带的“电脑”，拥有数以万亿计的记忆存储器，不仅可以用来计算，还可以进行创造性的活动。自然界赠予了我们非常非常宝贵的财富，然而我们对自己的大脑总是自视不高且不知珍惜。众所周知，我们的神经系统不仅操控着我们的体温，调节着消化吸收这一极其复杂的化学反应过程，使呼吸与心跳完全自主进行，还引导着我们全部有意识与无意识的生活。

了解了以上信息之后，尊敬的读者，您就可以毫不费力地理解，更加准确地认识大脑——这一工作在我们身体内部的高度完美的机器——有多么重要了。我永远不会说，人是一台机器，但我一向认为，人的自身装载着一台运作完美的机器。但只有得到了准确调试、正确编程，它才能完美顺利地运行，实现最高效能。如果大脑编程或调试错误，那么就会导致精神上乃至身体上各种形式的疾病。想想那些身心疾病，我们便会明白，许多人的问题其实就出在中央神经系统失衡上。

要解答所有那些在一开始便提出的问题，关键其实仅仅在于我们自身，因此也只有自省与自知能为我们指明通向了解自己的道路。但是让不可见的东西变得可见，并非易事。下面的“模型”便是关于该如何理解我们自身所发生的事情，而我们又该如何学会修正：

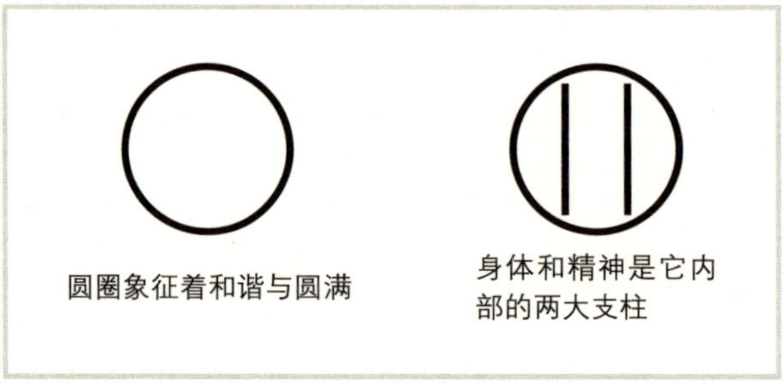

图2：圆圈与圆柱

一个内心纯净的人最能体现圆圈的象征意义：圆圈是和谐美满的象征。健康的人由两根直立的圆柱支撑：肉体上的人和精神上的人。只要一个人活着，他的肉体与精神就是一体的，只有在死亡的那一瞬间二者才会实现分离。

生活是相互影响的过程。

要使我们生活美满，就要让身体与精神的力量相互协调，支撑起我们自主的意愿。这表明，身体与精神的状态是相互促进或阻碍的：身体会影响到精神层面上的人，同样，精神层面上的人——我们的潜意识——也会作用于身体，而潜意识甚至会参与决定我们是否健康。

现在让我们将关注的目光转向同样决定着我们生活方向的精神层面意义上的人。心理学三角对意识的结构进行了最好的说明。最

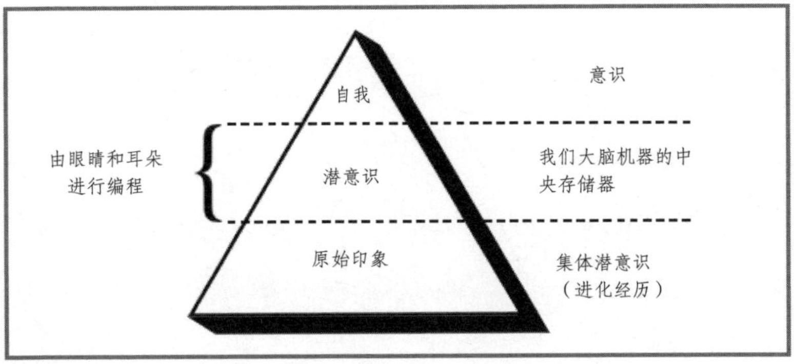

图3：意识三角

顶端的小三角就是我们的“自我”，即我们的判断力与批判力。许多人会觉得，这个小三角已经是我们的全部了。然而这其实只是那可见的一小部分，如同冰山一角，其关键部分是看不到的。

总的来说，图3的第二层占据了更多的空间，我们的生活正是在这里真正构建起来的。它就是我们的潜意识，只有极少数人了解自己潜意识的任务与潜力。他们不止一次地注意到，潜意识如何主导了我们的身体、心灵与精神上的活动，以及与环境的关系。幸福与不幸，健康与疾病，聪明与愚蠢，和睦与攻击，成功与失败，希望与绝望——凡此种种皆由潜意识而生，并受它主导。我们的身体机能和复杂的新陈代谢、我们多变的感觉与情绪、我们强烈的动力与障碍，还有我们的智力发展以及与环境的交流能力，都是无意识的活动。为了能够随时实现这些异常庞大、复杂的过程，我们生活中所有的信息——自出生到此刻——都会被存储下来。您的潜意识不会遗忘任何事。

位于个人潜意识之下的第三层中隐藏着集体潜意识。这种集体潜意识也被我们称为原始印象。就像早期的神秘主义者曾观察到的，这一层存储着进化的所有信息。原始印象是所有先于我们的世世代代的经验宝库，一些早期被当作神灵来敬畏的标志、象征，深深地为它烙上了印记。

一旦认识到并且相信了这些，我们就会变得更明智、更清醒、更能干。对个人来说，接受自己的伟大需要极大的自信。因为只有接受了这一基本认识，我们才能从恐惧、害怕和阻碍的枷锁中解放出来。只有理解了我们个性的独特内涵，我们才能开始走上摆脱疾病和贫穷、战胜绝望、弃绝错误的人生道路。

如我们所知，植物性的或者说无意识的神经系统负责让我们生理上必需的身体机能协调运作。植物性神经系统与所有人体腺体的神经中枢位于间脑的下丘脑。而包围着间脑的是边缘系统，从种系学的角度来看，它是我们最古老的大脑部位之一，主导着情感生活。然而大脑器官的运作绝不像一直以来我们所认为的那样自主独立。下丘脑，以及与之相关的植物性神经系统和潜意识也是可以由我们有意识并有针对性地加以引导的。首先影响到间脑的命令层，即下丘脑，所有由感觉器官经大脑传送给下丘脑的信息，会对这一间脑的命令层产生影响。下丘脑会为植物性神经系统、新陈代谢以及腺体把这些信息转译成或积极或消极的刺激。我常把人体比作牵线木偶：牵线木偶只有在受到刺激的驱动时，才会舞动四肢。

我们的身体和器官也是同理，其运作要受极其明确的刺激来驱使。而我们的大脑和潜意识不仅仅是存储器，同时也是信息处理器和传感器。因此能将任何心理上的情绪和刺激都传达给身体上相应的各部位。比如说愤怒之于胆，偏执的野心之于胃，压力之于肠，恐惧之于心或肺。

如果这些情绪及其刺激持续作用于身体，或者它们经常不断反复，那么神经以及器官的运转就会变得杂乱无章，无法从生理上相互协作，并会导致人感觉不适而最终病倒。潜意识最精确地传达了所有对于我们生活至关重要且不由自主的作用和器官活动，而且时刻不停。潜意识从不停息，忠诚而可靠地工作着，即使在我们睡着或失去意识时。潜意识简直可以说是我们生活的发动机，而其最重要的活动要算存储信息了。记忆，即我们经历、信息、知识、学识的私人档案馆，是通过整个思维器官以蛋白分子的形式分布的。所有的新信息会被与已有信息进行比对、联系、联结、锁定。我们记忆的存储能力是无限的。遗传记忆、基因密码，我们从过去所有世代继承来的原始印象，都存在于我们上亿的每一个个体细胞上。这当然是对我们潜意识的简化表述，但对于我们的目的来说已经足够了。

上述图3中每两个层次之间的分界线是有意用虚线来表示的。也就是说，一个人越是放松镇定，那么各个意识层次之间的联系就越是紧密和互通。想法和知识会变得自由，可以被自我有意识地感知到。但如果一个人僵硬痉挛、处处受制——不仅仅是指肌肉组织意义上的——那么大脑的突触也会受阻，潜意识也因而无法协调完美地作出反应和正常运作。而这一点恰是每个自由人的生活基础。

要达到这种放松状态，有许多精神或身体的途径，而我们的目标是让每个人都成为自己人生道路的冠军。既然我们的人生道路由潜意识掌控，我们就要依赖于所存储的信息。此时此刻的每个人都不过是他个人历史的暂时性定局，被打上了他阅历与经验的烙印。我们的脸就是我们过去的地图，人的面容反映了自己长期以来的真实面貌。

一切胜利和失败，所有幸福与不幸、健康与疾患、欢笑与沮丧，都深深刻在我们脸上。

您一定对这句俗语不陌生：“人是习惯的奴隶。”这样说时，我们其实已经意识到，决定我们行为举止的习惯有好也有坏。这些习惯就源于我们潜意识的刺激。如果人的潜意识存储了许多积极的习惯，那么其举止自然就会与之相应地呈现出积极的状态。而一旦有人存储了大量的消极习惯，那么他的行为、他的整个世界观也只能相应地消沉。遗憾的是，我们所有人经常被错误消极的程序左右。因此，只有当潜意识的程序员是我们自己而非偶然事件时，我们才掌控了自己的人生。

现在我要向您指出，我们的处境是如何由此逐渐明朗起来的。我们记忆的存储量足够用上十万年，也就是说，所有婴儿期、幼儿期、青春期以及成人期的印象虽然都会被编入程序，但还有多少新的存储可能呢？这就要看我们自己的选择了。虽然过去的事情我们已经无力更改，但我们可以改变未来的程序与意愿。我们的潜意识每天都在接受新的、常常是消极的刺激，我们无法完全阻止，所以学习如何运用我们潜意识的积极影响这门艺术就显得尤为必要了。

想象力即创造力。心身医学认为，每种疾病都有其精神上与肉体上的根源，就像健康也是由身、心两方面构成的。一旦人们认识到，我们的思维、观点、恐惧、想象、情感对自己的身体状况会产生怎样的影响，就不难理解，我们的思维并不是无所禁忌的。想什么、怎么想并不是无所谓的，思维也是紧张而活跃的力量，虽然不可见，其作用却不可忽视。我们的想象是富于创造性的，思维就是力量。因为我们的想象与情感正是外表与身体表现的根源所在，所以，当我们面对一些不喜欢的东西、一些会带来失败和轻视的东西，在头脑中组织一些积极的、正面的思维和想象就是必要的了。坏习惯不必去克服，而是要学会用好习惯去替代。

要是这真的像表面看起来的那样简单就好了！而偏见就是最大的阻碍，人首先必须摆脱一些老习惯。

· “这样行不通！”

· “我可不这样想！”

· “这怎么能行呢？”

· “我还从没听说过有这样的事！”

我们首先必须摆脱这些以及与之类似的想法的束缚，对在任何情况下都摆布着我们身体的习惯，有意识地给予信任和耐心的关注。迷走神经与交感神经是我们植物性神经系统的两极。交感神经负责行为、活动、有所作为，迷走神经则与之相反，负责恢复、惰性、放松，也就是无所事事。当我们的身体处于休息与放松的状态、不需要任何肌肉活动时，当我们舒适而温暖地打盹时，迷走神经就开始作出反应了。此时我们便可以与我们的潜意识对话并引导它，我们对于潜意识的引导可以通过伴随积极情绪的精神画面完成。这种想象就是我们交给身体与潜意识的任务。潜意识会排除障碍、执行任务。想象会向潜意识表明，我们有怎样的需求。潜意识会完全自动地满足这些需求，因为这正是它存在的目的。

俄罗斯生物学家伊万·彼得洛维奇·巴甫洛夫因对狗进行的实验模型获得了1904年的诺贝尔奖。巴甫洛夫有规律地给他的牧羊犬喂食，并发现，狗在看到食物的那一瞬间就已经开始分泌消化液了。于是这位研究者在每次喂食时都摇响铃铛。28天之后，即使只有铃声而没有食物，狗的消化道也会分泌出消化酶来，这就形成了“条件反射”。这一系统同样适用于人类。条件反射即新的习惯，平均需要28天，就可以渗入我们的血肉，成为我们自然而然的习惯，汇入我们的潜意识，然后自动运行。28天，我们就控制了新的程序，它会在我们身上深深扎根，我们甚至不需要有意识地去考虑，它就已经在无意识中自动按照习惯发生了，我们会将它“忘掉”。而我们的上意识也就有余力来应付其他事情了。这正是我们潜意识最重要且令人称奇之处：一旦它养成了习惯，就会像上了发条一样顺利运行。

由此我们就可以看到思维训练对于生活所具有的基本意义了。在深度放松的状态下，潜意识就会像蜡一样具有可塑性。在放松中最容易消除过去的阻滞，给未来编排好新的积极刺激，并不断强化它。现代脑科学的结论表明，我们想要参与决策自己人生的想法，并不是缥缈的梦想，而是切实可行的。当消极信息有可能摧毁我们时，积极信息就会来重塑我们、解救我们，给我们的长远发展带来深刻影响。许多在几十年前似乎是不可想象或根本不可能的事，从今天的科学角度来看，已经完全不同了。

如今我们可以依靠脑电图（EEG）的画面来观察和研究我们大脑的工作情况。我们的大脑会根据我们的心情状态产生0~35赫兹的不同脑电波。0赫兹表示我们处于深度睡眠中，35赫兹则表示我们处于高度兴奋中。

·在δ波段熟睡状态下，人脑会产生0~4赫兹的波长频率。

·在θ波段浅睡状态下，人脑产生的波长频率在4~7赫兹之间，大约7赫兹是入睡的临界点。

·在α波段即放松状态下，人脑产生的波长频率在7~14赫兹之间。

·β波段是由弱渐强的兴奋状态，此时人脑产生的波长频率在15~35赫兹之间。如果人在睡着时思潮起伏或者因为思考问题、未完成的工作或者对第二天的恐惧而感到强烈的不安，那么此时也可以测出同样高频率的波长。

赫兹读数越高，就越难通向潜意识。由此可知，潜意识的作用只能在α波状态下成功发挥，无论这影响是来自自身还是外界。因此，对一种放松方法的质量测评就要看它将使用者带入α波状态的速度有多快、稳定程度有多高。

请您思考一下：

·什么时候我们是高度清醒的？

·什么时候我们会接收信息？

·什么时候我们在领悟？

·什么时候我们能最有效率地学习？

当身体处于最大限度的休息状态时，精神不但是醒着的，而且是清醒的。这种放松而清醒的警醒状态客观上被称为“放松的”。根据脑电图检测，此时的脑电波是高度有序且同步的，混乱多变的典型β波状态的频率会被一些清晰简单的频率取代，左脑和右脑会在脑电波的频率与波段中达到同步。由此，大脑的潜能便被激发了。有序同步以及其他一些特征发挥出强烈而协调的作用，不仅表现在大脑内部，也表现在有意识的思考中，以及它们两者的相互关系上。与α波同步的脑电波模式构成了更有条理、更有创造力，以及随之而来更加专注的活动的基础。

我们的思维训练早在几年前就采取了可靠的方法，可以让您乘着“自动扶梯”轻松到达α波状态。即使眼睛闭上了，耳朵却作为重要的信息通道保持畅通。

我们耳朵听到的一切，都会被记忆准确录下。

印度的瑜伽修行者早在2000年前就在“真言”中认识到了言语的力量。前辈的智慧在今天可以通过技术加以利用——CD播放机发出的声音可以实现与我们潜意识的对话，既有针对性，又富于暗示。因此我们的学习材料选择了CD的形式，并且保证不会让练习者坠入与意愿相违或不受控制的状态。潜意识不断进行自我调节，思维与情感就都不会偏离。无意中发生的事在我们大脑中不受干扰地完美聚合着。要对错误进行调整，当然必须且应该形成新的行为模式。我们的练习不会彻底抹掉意识与潜意识之间的界限，只会让它们互相渗透。个人的自我会在其内心权威中得到加强。我们的目的是对无意中发生的事施加影响，以使您的潜意识自动将您带向您的目标。心平气和的对话会打开“通往潜意识的大门”。CD中，我的声音会在您的潜意识中引发信息与联想之间强烈的相互作用，新的积极刺激也会因此而增加。

练习：台阶

请您保证有一个不受打扰的环境，且您所处的环境必须温暖而舒适。如果您在家练习，请总是选择在同一个地方。为什么呢？想想巴甫洛夫——条件反射。这样习惯的养成会更迅速、更容易，也更稳固。然后让您自己感到舒适，最后满意地闭上眼睛。眼睛一闭上，您的灵魂便敞开了。现在请您想象一段奇妙的台阶，世界上肯定有什么地方的台阶给您留下过这样的深刻印象。但在练习时，请您总是想象同一幅画面——站在同一段台阶上。这段奇妙的台阶会带着我们完全放松地一级一级向下走，越来越深。放松是指要充满信任地顺其自然，如果强加意愿便会适得其反：交感神经就会变得活跃，整个肌体都会调整到活跃状态。人是不能“想要”放松的，也不能“想要”睡觉。意愿是顺从的对立面，因此就让一切顺其自然吧。只是旁观，不要介入！身体会跟随想象力的引导，到达精神所到之处，我们会顺着台阶一级一级越下越深。同时让我们从10倒数到0。数到0时，我们潜意识的大门已经打开了，整个人会深深地、完全地放松下来，无拘无束，自由自在，几乎感觉不到自己身体的存在。数字0是一个完整的圆圈，是和谐匀称的象征，是完完全全的平衡。

调整只需换个角度

掌控了思维，便拥有了掌控身体与生活的权力。

——佛教格言

同样，如果人想要改变什么，他的自我意识首先就会为此创造前提条件。自我意识是指：清醒地认识到自我的存在，认识到自己的前景、能力和机遇。就像是种子中孕育着花朵，在人类身上、在我们身上也已经播种下了一切，也就是说一切都是可能的。只是因为人类及其生活受到限制，他便无法发现所有可能性，也就无法利用一切资源。这就需要精神上的自主性来介入了。

无论是人生而有之的本能，还是外界的权威，都无法告诉一个人该做什么，所以他必须靠自己去发现心之所向，然后尽力而为。只有当我们赋予生活某种意义时，生活才会有意义。反之亦然，如果我们不给生活以意义，那它就是毫无意义、毫无价值的，自卑情结也就由此而生。

人类难道不是他周围环境的产物吗？这种认识只对了一半。显然，父母会影响孩子，但孩子也是可以影响父母的；丈夫可以影响妻子，妻子也能影响到丈夫；领导可以影响下属，下属也会影响到领导；等等。因此，整个生活就是一个相互影响的过程。

暗示是有目的的影响，是有针对性的想象，是信息——当然，每条信息也都是暗示。信息，即想法，会从积极或消极的方面左右和引导我们，为我们导航。在我们的课程中，我对此解释如下：

1. 整个生活就是一个相互影响的过程；

2. 每个人都在进行暗示与自我暗示，我们都在影响自己、影响环境；

3. 借助思维，我们构建了自己的内部世界。其结果是：人影响与改变的对象既是他自身，也包括他周围的环境。

于是产生了我们应该有意识地加以利用的两种可能性：暗示和自我暗示。要将自己从与生俱来的消极天性或外界的负面影响中解放出来，最有效的方式便是积极的自我暗示。通过积极的自我暗示，我们能够获得战胜心中一切消极因素的力量，它是我们解放自己、拯救自我的最佳方式，能帮助我们消除恐惧、打消疑虑、走向未来。遗憾的是，大多数人都在不知不觉中成了消极自我暗示这门艺术的大师。下面是一些关于自我认知的例子，您可以根据个人的生活经验进行补充。

消极自我暗示：

- “没到晚上，就先别忙着歌颂这一天。”
- “早上还在唱歌的鸟，晚上就已经喂了猫。”
- “假如我有个更好的家庭……”
- “假如我能接受更好的教育……”
- “假如我的爱人更优秀一些……”
- “假如我能赶上个好时候……”

这便是信念的力量，它甚至可以移动大山。消极的自我暗示会堆出消极的命运大山，即使借助于我们自身的信念也无法征服。约伯就曾意识到：主啊，我所恐惧的，临到我身。路德对此补充为：相信地狱者，必入之。

思维法则二：“每个行为都以想法开路，只有想到的才有存在的可能。”

通过思维，我们用尽全力塑造出了消极的命运，继而又从中找到了更多的借口去抱怨、悲叹、诉苦。这里我们也许可以进一步引申自我认知的概念。抱怨别人，其实就是在抱怨自己！什么时候我们才能开始试着去克服自身明显的软弱呢？我们不仅要认识到能使预言成真的法则，更应该在每天的生活中朝着对我们有利的方向去应用它。一旦涉及自己的愿望，我们总会不知不觉地去实现它。

我们所拥有的身体是要用来经历生活的。我们身体最重要的任务就是生产能量——每天24小时运转不停。因此没有人能说自己力量不够，大多数人只是让自己的力量白白涌流在消极而非积极的通道中。但自我暗示给了他们绝妙的机会，能让他们有意识地把自己的力量疏导进积极的通道中去，不再受偶然事件的操纵，而是由自己的积极思维去把握。现在您已经完全清楚地认识到了积极思维的建设性力量。

为了准确理解大脑的内部活动，您可以将它与一台幻灯机进行比较。即使存储了上百张幻灯片，您一次也只能展示一张，要么是消极的，要么是积极的。我们的思维也是这样。我们的大脑就是思维的海洋，但我们一次只能考虑一个想法。同样，自我暗示是思维法则的一贯形式。个人潜意识的影响不是相不相信的问题，而是由我们潜意识的构成决定的。请参考图4的三角图示。

如您所知，我们的五官担负着将外部世界引入内部的责任，所有来自外界的信息都会存入我们的私人档案馆。西塞罗在2000年前就认识到：记忆是生活的宝库。多么巧妙的比喻啊！但只有当其中存储的信息有价值时，我们的记忆才算是真正有价值的宝库。人有五条信息通道，其中最重要的两条是眼睛和耳朵。眼见耳闻的一切都会印在我们的心上，并被储存在那里，因此我们才会使用“印象”这一说法。但重要的是要知道，在这之中，我们的耳朵才是最重要的汲取信息与施加影响的渠道。耳朵总是保持日夜敞开的状态，无论人是处在清醒还是沉睡中。

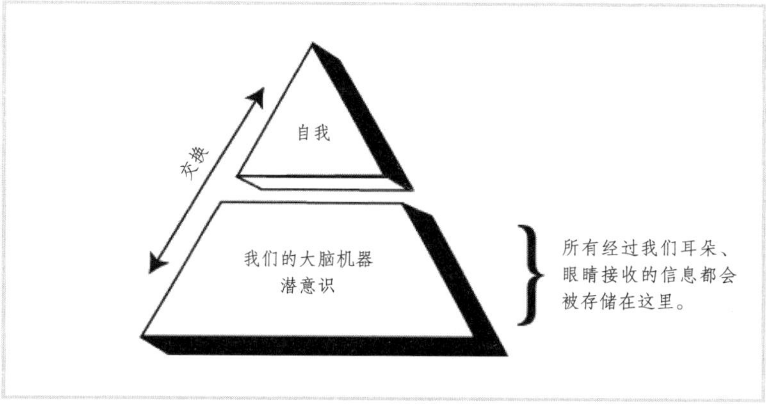

图4：信息交换

借助图4，您可以更好地理解积极与消极影响的作用。上面的小三角是我们有意识的自我，位于其下的是我们的记忆，二者相互联系。下面这个具体的例子有助于理解其工作原理：

有个人晚上没睡好，早晨他对自己的妻子说：“我根本就睡不着。”但听到这个信息的并非只有他妻子的耳朵，他自己的耳朵也听得一清二楚。于是他的记忆别无选择，只能接收并存储了这条信息。现在请您设想一下，这个程序在一天之中重复了四五次。晚上快11点时，这个人想去睡觉，但他却听到自己潜意识的声音对他说：“别去睡了，反正你也知道，睡不着的。”

这样您一定已经明白了：失眠有可能是消极自我暗示的恶果。也许您会觉得难以置信，但这不是相不相信的问题，而是该怎么做的问题。假如您试过一口气喝掉一瓶酒，您就会感受到这种作用了。它与信仰无关，而是关于行为的。我们当然会忍不住表示怀疑，因为这种效果并不是在几秒钟之后立现的。我们总是企盼自我痊愈或出现奇迹，却忘了这一切都是要在发展中解决的问题。

您也许对医学中“潜伏期”的说法并不陌生。假设您患了严重的头疼，于是吞下了一些止痛片，但即使是最好的止痛片也需要过一段时间才能见效。这并不奇怪，我们已经熟知这一点了。但在对待自我暗示时，我们却想获得立竿见影的奇效。正是这种错误预期在不知不觉中抵消了原本可能出现的积极效果。

要准确想象我们要经历怎样的内心活动才能产生这种效果，就要请您仔细看这幅图（图5）。现在请将您的潜意识与湖水稍作比较。如果您向湖中投入一粒石子（即积极暗示），湖面就会荡开涟漪，而石子却再也看不到了。但它并没有溶解掉，而是沉入了湖底。除了小小的波纹几乎没有发生任何事。

图5：湖水与石子

现在请您继续想象：您不止投了一粒石子进去，而是上百粒。那么会发生什么呢？缓慢地，极其缓慢地，湖中会隆起一座小岛，投进去的石子会以小岛的形式浮出水面。也就是说，积极暗示会获得成功，并且有了坚实的基础，这一成功现在也十分清楚地呈现在外部世界。它并不是信仰的问题，而是自我暗示的实践与时间的问题。奇迹是可能出现的，您已经清楚地看到了。每个人都可以通过积极暗示肯定自我，有意识地释放信念的力量来影响自己的命运与未来。这样，未来的积极结果就不再是以偶然因素为支撑了，它是我们坚持不懈的思维训练的结果。因此，请您坚持运用那些完善生活的基本法则！

您已经知道了我们的记忆有多重要，尤其是它关乎我们规划的制定。如果您已经记住了前面提到的思维法则，您就会注意到两点：

1. 有的句子您很快就能记住；

2. 别的段落您会发现尤为困难。

所有您能立即记住的自我暗示，其实正是您潜意识在此处编程正确的证明。而所有您觉得困难的暗示，也是您过去在这些问题上编程错误的标志。如果您成功记住了这些困难的段落，把它们铭记在心，那么您就成功地通过自己的努力摆脱了消极暗示。您战胜了自己，超越了自己，获得了更大的自由。

积极的自我暗示是充分利用自身资源最有效的方法。当我们相信自己时，就会越来越清楚地认识到，我们可以完成许多事。我们会越来越有效地克服自己的优柔寡断与自卑情结。我们将学会排除担忧、消除怀疑，信念与信任也会因此促成我们的目标，通向我们的未来。

生存竞争与生活斗争中最有力的武器，就是相信自己，相信自己的人生意义。

您越是自信，就越容易摒弃傲慢、自负，也就不会不断试图用埋怨和牢骚来操纵他人的生活了。

但请不要滥用自我暗示。很遗憾，也存在这样一些导师，他们教授的是对自我暗示的滥用。人是几乎可以被灌输一切思想的，这其中也包括了错误的。说服自己相信："我会变得完美的，我是完美的"——这就不仅仅是危险的了。我们可以变得更优秀、更卓越，可以将弱点转化为优点，这一切我们都可以，并且应当做到，但我们不可能达到完美。同样危险的还有暗示自己："我不会再生病了。"正确的暗示应该是这样的："我自身的医生会及时诊断出一切疾病，并且我的身体会具备足够的抵抗力。"

在接下来的练习中，您会学习到这些真正能充实自己的积极的自我暗示。请您把它们记下来（每次一条新的，不要一口气背会全部）。

练习：我会成为一个自信的人！

· 我决定要成为一个更自由、更勇敢、更自信的人。

· 我每天都越来越清楚、越来越强烈地感觉到，我的言谈举止已经变得更加自由、勇敢和自信。

· 完成每天的练习会给我带来越来越多的自信与勇气。

· 我充满了崭新的生活乐趣与生活勇气。

· 这种生活乐趣与生活勇气的感受流淌在我的整个身体里。

· 因为我非常热爱我的职业，我的内心、我的潜意识也都会帮助我带着乐趣与热情完成我的任务。

· 不仅我乐观的行为让我的客户印象深刻，我与优秀的新同事相处的能力也越来越强，我可以越来越顺利地和他们交谈，越来越成功地说服他们。

· 失败是生活的一部分——我的成功是建立在失败的基础之上的，因此我内心强大，不惧挫折。

· 因为我相信我的职业前景，热情的火花便会迸发出来。

· 我知道我想要什么，我对此完全确定！

· 欲成大事者，必须坚定地相信自己会取得最大的成就。

· 我已下定决心运用我精神的力量。

· 我的极限只由专注力与兴趣而定。我能够越来越专注，因为我对自己的工作能力有坚定的信心。

· 我强大的专注力会把所有的重要信息深深刻在我的记忆中。我越是放松，记忆力就越是忠诚尽责。

· 在任何情况下我都可以相信我的记忆力。绝对地——绝对地。

·我能做到想做之事！

·我决定赋予我的人生价值和意义，因为我知道我想要什么！

·我有着强烈的意愿，我可以很好地集中注意力！

·所有的马虎、草率都会消失——我的专注力会赶走我的浮躁！

·失败不会让我手足无措，因为我能做到想做之事！

·三思而后行，不可蛮干，因为总会有办法的！

·愿望—计划—尝试—成功，这是我的座右铭！

·我很幸福，因为我知道我能做到想做之事！

·我也有宏伟的目标——我面前所呈现的一切都源于我的思维。

·如果我一直在追求某个想法的实现，那么它最终一定会成功的。

·我知道我想要什么！

·我对此完全确定……

·……而且我能够想象并描绘出它的所有细节。

·为什么我不能超越别人的期待、实现更高的目标？

·我会实现我的目标的——一定会！一定会！

·我相信自己和自己的使命，就像所有欲成大事者必须相信自己一样。

·我决定运用我潜意识的力量与潜能。

·我的潜意识是我最好的员工：它是我体内的巨人！

·我会学着更有效地影响我的潜意识。

·每天我都会与我的潜意识进行有说服力且富于暗示性的对话，告诉它，我对它怀有怎样的期待。

·我暗示的影响力每天都在增强，这会使我的性格更坚强有力！

·我潜意识的所有力量与潜能都期待着实现我的愿望，因此我每天都会向我的潜意识施加专注且富有暗示性的影响，这样我最好的员工就会完成我对它的一切期待。

·我知道我也能获得最高的成就。

·我相信自己，相信自己的未来。

·欲达大志者，必须坚定地相信自己。

·这种信念唤醒了我灵魂中的创造力。

·我总能找到时间来完善自己，因为只有这样才能进步。

·我的潜意识会助我赋予人生以方向和意义。

·我决定成为一个有影响力的人。

·我的声音听起来镇定而深沉，能制造出平和的氛围。

·我要学着越来越有效地运用我的力量。

·我知道该如何与人很好地交流，我能感受到我的影响力。

·知道自己是一个有影响力的人，这种感觉真好。

·我发现了，别人和我谈话时会感到舒适和放松。

·我的谈话对象对我的专业素养心服口服，我也了解到了他们的愿望与目标。

·我是个有影响力的人，我的影响力会越来越大、越来越积极。

悲观与乐观

悲观主义（拉丁语：pessimum，即最差的）：指在一切事情上都优先看到不好一面的态度与人生观，从根本上质疑世界意义。

乐观主义（拉丁语：optimum，即最好的）：从整体上把个人与人类的存在以及世界法则看作是有意义、有价值因而也就是“好”的，或者至少认为生活好于死亡的一种人生观。

——《时代百科全书·20卷版》

世界上悲观的见解和预言如此之多，简直可以塞满所有的图书馆，这其中也不乏专家的科学见解，他们证明了一切都是无望的。既然生活是由思维来搭建的，我们在想什么就并非是无关紧要的。您已经认识到世界观、基本信念以及人类的信仰有多么重要，但却有上百万的人还在用悲观主义饮鸩止渴。

这些只是某年报刊上大标题的一部分：“自杀过程”“这个星球已经不再适合居住”“这个星球被洗劫一空：无可挽回的终结”“人类走后，重返石器时代”。当然也有那么一两个观点是别有用心的人凭空捏造的，但从社会心理学角度来看，这种悲观主义的论调仍然是有百害而无一利的。纵观人类历史，总是不乏末日观以及世界即将毁灭的论调。人类几乎还未走出一场灾难，下一场灾难就已经到来了。而由于消极的创造力影响惊人，能够想象出的灾难数量也是不可限量的。

从历史中我们得知，大多数预言都是不实的。世界没有在公元1000年毁灭，1000年后仍没有——并不像各种预言中所说的那样；就连电脑也没有像悲观主义者所坚信的那样，在1999年和2000年的世纪之交成批崩溃。然而从没有哪个预言家为虚假预言的后果埋单，很遗憾，有太多该负责的人并未意识到悲观主义会摧毁力量；而精神病医生发现：如果有人把一切想象出来的危险当真，那么他一定会发疯的。

这么多人究竟何以确信——恰好在今天，尤其是此刻，会产生问题和危险的？每个有常识的人都知道，曾经的危险来自野生动物、反常天气以及战争，现在的危险却来自金融危机、恐怖主义、人口过剩、环境污染。在我们的时代，改变的不仅仅是危险的形式，更重要的是人类的自我认识。人类曾经生活在对强大上帝的信仰中，现在却大都脱离此类信仰而生活——取而代之地，生活在对绝对保障和完全占有的要求中。“人固有一死”的观点看起来已经过时了，它不符合当今时代精神的幻象，即“一切皆有保证”，生活的风险被抛在了一边。

认为我们生活的世界充满危险的观点一定会让那些善于思考的人陷入沉思，唤起他们积极主动的斗志。赫尔曼·卡恩在其《德国人的未来》一书中写道，德国未来的首要危险在于相信夸大其词的悲观主义。这里他很有说服力地列举了一些自行兑现的预言，以及过去的一系列反面例子。奥斯瓦德·施本格勒将他深刻的著作命名为《西方的没落》。能够得知一些有责任感的大人物并未丧失勇气，这的确振奋人心。他们还保持着信念，洋溢着创造的愉悦。我们在自己的时代见证着欧洲各国冲破铁幕后的共同发展。

那些不再能够有所信仰，丧失了对造物者、对人类、对人生意义、对未来信念的人是贫穷的。世界从未有过如此迅猛的改变，从未有过如此多的发明创造和专利注册。这不是一个犹豫不决之人或优柔寡断者的时代，而是那些有着积极创造欲望的人的时代。然而我们从媒体、电视和报刊界都了解到了些什么呢？我们每周都在观看着悲观主义者的“奥林匹克竞赛”。也许会有读者说，媒体的责任不是美化世界的缺陷。完全正确！但媒体的职责应该是，激励人们去接受时代所赋予的艰巨任务和挑战。

每个人、每个民族、每个企业都始终要在乐观主义和悲观主义之间作出抉择，在昨天与明天、期待与恐惧之间进行取舍。从古至今皆是如此，而且只要世界还在运转，这一点就不会改变。

对如何掌握人生这一课题做出最大贡献的，当属维克多·埃米尔·弗兰克尔。作为一个出生于维也纳的犹太人，弗兰克尔在集中营里面对着毒气室的危险，发展了他的心理学理论。我亲爱的读者，难道有人还能想象出更加艰难的生活境况吗？他在《尽管如此，仍要对生活称“是”——一个心理学家在集中营的经历》一书中，描述了灭绝人性却必须隐忍的灵魂折磨。从自身及其他狱友的经历中，他发展出了自己卓越的心理学：即使在最艰难的境况中仍对生活称“是”。这绝不是每个人都能做到的。对我个人来说，能亲自与这个忍受了无尽苦难、灵魂却光芒万丈的乐观主义者共处于一个时代，真是此生最值得铭记的经历。而且您一定明白，读书是不错，但能够亲自见证所读之书背后的伟人完全是另外一回事。弗兰克尔的哲学，困境之中对生活称“是”，诞生于他个人的苦难，也因此更加可信。许多现代的悲观主义者根本不知道他们有多幸福！他们在过去的50年中所经历的都是美好的时代。

维克多·埃米尔·弗兰克尔追问着这样一个问题：“什么是人？”他向自己也向我们抛出了这个问题：“难道人除了是各种

确定性与制约性的产物，真的什么也不是吗？”——这里是从生物学意义、心理学意义以及社会学意义上来说的，人类难道除了肉体构成、性格气质与社会地位的偶然组合结果之外，别的什么也不是了吗？人类能够摆脱强加于他的影响吗？“成功之路”哲学的深刻意义就在于此：通过训练给人以勇气，不只是在光明的时代坚持奋斗，还要探究其存在的意义，并锤炼出实现自己意义的力量。

一个人如何对待生活、对待自己的责任，有着决定性的意义。他是否能勇敢无畏地去争取，尝试突破一切做到最好，其人生态度和基本信念扮演着重要的角色。我认为，一个不去开发和利用自己天赋和才能的人，很大程度上是脱离社会而生活的。因此我要重申一遍：决定我们行为的是我们的基本态度。

很遗憾，现代医学不会考虑心理学的研究成果。很多年前，巴勒教授曾经对一个40人的小组进行了催眠，暗示他们一败涂地、走投无路。进行了催眠性的暗示后，他对他们进行了长达14天的临床观察，发现这一小组的成员患上了各种文明病。接下来巴勒教授再次对这一小组进行了催眠，这次却暗示他们不仅有着远大的目标，而且拥有实现这一目标的能力和条件。于是明显的奇迹发生了！随着时间一小时一小时地流逝，整个小组渐渐活跃起来，而那些之前显现出来的所有身心疾病的症状统统消失了。

也许您已经意识到了，这一实验对我们的生活与我们的未来是多么重要。如果生活中的一切都有着某种意义，那么悲观主义者也不例外：他会从反面激励我们更努力地去追求积极事物。一旦遭遇身体或精神上的低谷期，悲观主义者就会表现出危险的一面。因此对每个积极的人来说，要牢记：生活中总会有失败，因而失望也就在所难免。重要的是，不能因失望而沮丧。失望和沮丧并不是危险所在。我们每天都能觉察到，乐观主义与自信、勇气密不可分，它并不只是体现在重大决定中，更体现在每天成千上万个小细节中。

只有相信未来的人，才有对抗过去的力量。信念会赋予我们力量，准备好去处理每天的问题，并超越自我。

认识到自己的使命并努力去完成它的人，他的未来就不会受到他人的阻碍。正相反，他自己完全肩负着自己的未来。成功的道路，就是通过内心信念的力量去克服消极的道路：

· 我们相信长远发展的可能性。

· 我们相信，一切都处于不停的变化之中。

· 我们相信，人可以化不幸为幸福。

· 我们相信，人可以战胜疾病，重获健康。

· 我们相信，人可以通过学习获得幸福的生活、成功的人生。

·我们相信，人可以摆脱贫穷，变得富有。

·我们相信，人类和地球都有着光明的未来。

·我们相信，人类在未来也能战胜巨大的艰难险阻。

一直以来，我总能收到人们的来信，向我证实不幸的确可以转化为幸福。他们同时也向我证实了，实现这种转化的必要前提是态度和思路的转变。改变个人的态度和信念，这才是最困难的。个人态度的转变不仅要以认知和信念为前提，还要有勇气。请回忆一下，您上一次做出改变是在什么时候？时间？内容？勇敢地照照自我认知的镜子，其前提就在于要克服我们的自卑情结。我还从未遇到过没有自卑情结的人，但我认识许多人，他们并未准备好直面它，而是压抑着这种情结，并因此导致自己的生活每况愈下。

通过我们的积极思考练习，您就可以实现人格的完善，提高超越自我的能力，想得更高更远，自然而然地，创造力便会得到提升，而新的通向未来的大门也会敞开。您当然也可以由此对许多朋友或相识作出评估，并且明白与有些人结交是一件多么愉快的事情，他们通常善于发展自己、努力增强自我意识，而且能够吃苦耐劳。和这些人——朋友——在一起时，人们才能真正地交谈。他们会倾听并给出积极的建议，因为他们自己就曾经历过许多类似的境遇。但在您接受建议时，请选择那些来自成功榜样，而不是空谈理论家的建议。我们所有人都会从成功而非失败中受益匪浅。

练习：您乐观吗？

请您在记忆中漫步，您是否能记起生活中四个只能用乐观和信心来挺过去的片段？请写下四个关键点：

1.

2.

3.

4.

与乐观主义类似的有以下这些概念：机遇，希望，期待，信念，生活乐趣，人生信仰，信心，乐天派，兴高采烈，生活勇气，相信美好，快乐预期，相信进步，玫瑰色眼镜，心中的阳光。您一定能清楚地感受到，这些词汇中的每一个都隐含着积极的暗示。作为一个有创造力的人，您应该对每一个词汇都好好思考一下。

如果上帝存在并创造了整个宇宙，按照自己的样子创造了人类，那么他也将自己创造力的一部分放在襁褓之中传给了我们。因为人之所以区别于动物，正是在于两者对待未来的原则性差异：动物仅仅活在此处与当下。比如狐狸，将来挖的洞会与它在150年前挖的本质上别无二致；但人类却能或立即、或明天、或后天有所改变。与动物不同，人类是自己未来的创造者。这个想法不只是重要的，更是激动人心的。也正因此，完善生活的第一条基本准则才对我们如此重要：

只有人类拥有清醒思考、计划组织的能力，只有人类可以有目的地影响他的自身、他的命运以及他的未来。

第二章

坚定的美好魅力

阻力越大，成功越稳

始终着眼于一切事物光明的一面。倘若没有光明，就去摩擦阴暗面，直到使它发光。

——佚名

也许我们的地球是宇宙中唯一有生命诞生并繁衍的星球，尽管问题、困难和冲突在进化的每一个阶段都随处可见，生命依然在一切阻力中成长。我们现在这样理解阻力：它是登上更高阶段的最重要前提。在通往更高发展的道路上，每一代人随时都会遇到新问题和新任务，我们这一代也不例外。“让世界臣服于自己”是对人类的要求，也就是说，要发现并抓住世界上的一切机遇。“抓住”是指为了世界和人类的利益而认识并扩展自己的价值。

然而，现如今有许多人和“成功”的关系都不那么融洽。《旧约》这样评价那些不成功的人："上帝没有祝福他的所为。"也就是说，上帝不认可也不指导他所做的事。一些宗教这样表述："每个人都会为自己未竟之事找到解释。"这也就决定了一个人成功的程度。

如今，许多人逃出现实，致力于发掘"内心的财富"。但当被问及那是什么时，他们便会面露尴尬，滔滔不绝却言之无物。内心的财富须依据这样的原则：外在的世界是由内心的世界表现出来的，二者具有一致性。根据这一原则，对外在辉煌的追求就是毫无价值的，因此当然也就不会受到上帝的祝福。而我们积极的榜样便是《智者纳旦》。也许在接下来的戏剧演出季您将有机会在舞台上一睹莱辛的这部作品，或者您也可以再认真地读一下剧本。

人们常常会陷入言辞之争，只是因为概念、定义有所区别。因此，我在此要从我的理解出发，重申对"成功"这个词的定义：

成功即战胜阻力的能力。所有生命体都必然要不断地战胜阻力，每株植物、每条鱼，同样还有我们人类，无论大小，都要遵循同样的法则。

我们也可以将成功定义为解决问题的能力。我相信不会有人认为：我们需要更多制造问题的人！您自己就能意识到，这不可能是通向个人幸福的道路。众所周知，幸福来自“如愿以偿=成功”。这只能说明：只有解决了问题，克服了困难，我们才能走上幸福美满的道路。因此我们应该时不时地照一照自我认知的镜子，问问自己：“我究竟是一个制造问题的人，还是一个总能成功解决问题的人？”

近几十年中，我们常常会听到“智商”这个词，但更本质的表述应该是“成功商”。到今天，讨论问题的能力并不会促成问题的解决。将自己不成功归咎于出身和环境的人，只不过是在可悲地试图掩饰其缺乏成功意愿。他在为自己的无能开脱，并试着由此形成一种人生观。

成功地生活，即在每个人生阶段都尽可能地去完成这一阶段的任务。对上一阶段的弥补是以牺牲其他重要任务为代价的，就像青春一去不返而退休无法提前一样，各个人生阶段的任务也是无法推迟的。只要相信命运是不受他人影响的，这种信念就会像军队的铁蹄一样碾碎一切阻碍它的愚蠢、迷信、懒惰、贫困、厄运和傲慢。因此我们不相信有所谓的完全预设好的命运，而要相信人类塑造自己人生的能力。每个人都拥有一种特殊的能力与优势——至少有一种。若有谁将它束之高阁或妄图越俎代庖，便是违背了自己的命运。因为这种能力、这项任务，以及使其得以施展的生活空间是他所独有的——这便是命运。

人类的自由在于，他可以以自己的理想和知识为向导，去做必需之事，而且随着人生道路的展开，他解决问题、完成任务的能力也会越来越成熟。直到他为造物主，也为他自己完成其人生使命，并从生命中获得解脱。可惜的是，大多数人将成功错误地等同于赚钱而非完善个人能力。只有当我们的行为与自然法则相符时，成功才能得以实现；与之相反，失败是我们有意无意间违背这一法则的清晰信号。总是关注“完善生活的基本原则”，这就是我们职业与生活成功的前提。

因为我们的地球并非天堂，所以每个人都是需要解决问题和冲突的。请审视一下自己的态度：您是深受问题悬而未决之苦，还是拥有成功找到解决方案的秘诀？也许您曾经向自己提出过这样的问题：“如果世界是完美的，那么我还需要做些什么呢？那时我将怎样让自己与他人有所区别呢？”成功之人知道，厄运与困难都有其意义。危险越大，摆脱以及战胜它的欲望也就越强。

许多人习惯于在遇到问题或冲突时用愤怒、逃避、酗酒或认命来应对。但只有当人们试着去克服时，战胜困难、贫困、困窘与危险的意愿才会显现出来。然而大多数人不去积极成功地构建自己的人生，反而选择逃避那些悬而未决的问题。认识并意识到自己的问题和任务，是内心自由、勇气和自我意识的象征。

由于无力解决自身的问题，许多人会把目光转向外界。同时他们的怀疑日益加深，这对他们自身和世界都毫无裨益。对生活艺术的大师来说，问题的存在不是为了让人去忍受，而是完全相反：贫穷、困窘、痛苦、危险与苦难，这些从不是成功的阻碍，而恰恰是成功的条件，它们能激励人采取行动、获得成就。值得庆幸的是，我们生活在一种可以通过个人成就决定个人成功的社会制度中。

练习：化腐朽为神奇

请您拿一张纸，把它分成左右两栏。在左边一栏请您写下有待改善的一切，即消极面。现在让我们开始进行“积极炼金术士”的实验，向他们学习如何控制消极面。炼金术士是精通转变的大师，为了转化某物，他们需要一种原材料。所以积极炼金术士要实现转化，也需要从初始状态开始。他所待转化的材料便是左边一栏的消极面。现在请您有条理地把左栏中的消极面一条接一条地变为积极的理想状态，写到右边一栏去。当您开始正确定义这些问题时，它们其实已经被解决了一半，新的视野也会变得明朗起来。您会看到未来的曙光，会清醒地感知到机遇和积极思维的创造力。然而要使您的思维拥有魔力，您就必须写下它们，有意识地去写，并尽可能积极地去起草解决方案。暗示的力量会通过这些写下来的模板变得越来越明显，因为书写会让您的思想变为可加工的素材。所以请您抓住各种机会训练自己，把消极面变为书面的积极模板，您终将成为书面表达自己未来积极面这门艺术的大师。

您会直接体会到，思维就是力量。同时您会发现，只有能够表述自己目标的人，才能去实现它们。另外，您还会明白一些很重要的事：您并不是某种理论化的秘传者，而是成功的实践者。您不只是在发展自己的优势，更是在发展所有与您有关的人的优势，而您的未来也将由此慢慢成型。人们可以通过列出生活中的消极面找到自己转变的出发点，将其尽可能地转变为积极的理想状态。这是实用智慧的标志，使人走出既定情境，发现实现目标的可能性。消极绝望地看待未来是人人都会的，但只有深谙智慧魔法的大师才能面对生活表现出积极的一面。因为人类与生俱来就拥有改变自己、改变环境的力量与潜能。

我们将人类定义为：能够将理想转化为现实的生物。

忧心忡忡的人身心俱疲，会将其精力引入消极的通道；而意识不到自身问题的人，面对问题时就会陷入绝望；无法发现风险的人，就无法去规避它。我们之所以能抛开对消极面的恐惧，是因为我们知道：直呼魔鬼之名，其魔力便会被打破。

意愿里有充足的力量

意愿既然是自在之物，是世界的本质所在，而生活、可见的世界、表象只不过是意愿的镜像，那么它们便会不可分离地伴随在意愿左右，如影随形。意愿所在之处，便是生活与世界的所在。因此对生之意愿来说，生是确定的。

——亚瑟·叔本华

没有个人意愿的人，是随遇而安的。他们任人摆布，甚至常常是被人利用。活着是一回事，而为人生赋予某种意义是另一回事。为什么我们不能将二者互相联系起来呢？医学和心理学的研究成果证实了我们心底一向存在的预感：每个人都比他所自知的更有才华。

然而我们为什么会缺少利用自己机遇和机会的意愿呢？我们对这句话都很熟悉：志能移山。私下里我们也会感到，这种说法是正确的。虽然如此，我们还是会更“愿意”看到自己的缺点，而不是相信自己的优点。阿尔弗雷德·阿德勒倾其一生研究人的自卑情结，他越来越清楚地发现，对个体来说，自我价值有多么重要。奥特加·伊·加塞特早在几十年前就对大众化现象发出了警告。我们虽然都知道，每个人都是独一无二的，但我们真的对于有意识地发展自己这种独特性并顺应它去生活表现出了兴趣吗？

我们知道别人，即小组、社团、协会、党派、邻居、集体想要什么。也许我们也知道自己不想要什么，明白自己想避免什么，清楚自己害怕什么。集体虽然对远大目标与幸福梦寐以求，但它不会为此有所行动。大多数人尽管对他人的命运兴趣浓厚，却并不相信他们可以为自己命运的发展有所贡献。只有知道自己想要什么的人，才能从小人物变成大人物。他会传递出宁静与自信，因为他在自身内部找到了静谧之所。

我亲爱的读者，依靠单打独斗是根本不可能脚踏实地地有所成就的。想要在世界上有所建树的人，必须拥有清晰明确、持之以恒的意愿，且愿意为这一意愿加倍努力。您也应该在有所建树的过程中为集体做出某种贡献，并以此促成自我的完善。

“我活着”——这是我们首先唯一能够确信的事情。由这种确信就形成了**“我存在”**这一认识。而从这种存在体验出发，在看到世界的一瞬间产生了**“我想要”**，从意愿力量的经验中便产生了

“**我能够**”。既然我们努力奋斗不仅是为了活着与生存，而是为了更清醒、更自由，在更广阔与更博大的天地中生活，从“**我能够**”中最终演化出了完美的“**我行动**”。

“我活着，我存在，我想要，我能够，我行动”，这一系列想法与活动体现着存在于一切生命之中的力量和创造的能量。

如果有人说“我不能”，实际上意味着“我不想”。因为有意愿的人就会有能力，除非疾病将他击倒。不断激发意愿意味着对能力的提升，能说出“我想要，因为我能够；而我能够，因为我想要”的人，便迈出了从意愿到能力的关键一步。因此想要在生活中有所建树的人，应该认识到意愿力量的根源，并且能够发现它。因为它原本就存在于我们自身，只是有待激发，以发挥其力量。

请从以下五个意愿力量的根源上巩固自身：

1. 愿望——目标
2. 做出决定的勇气
3. 信念
4. 活力—健康—精神力量
5. 战胜挫折的毅力

愿望始终会为我们指明道路，因为它是我们所期待的未来的设计师。那么可以将什么作为愿望呢，有价值的、无价值的、个人的、商业的、经济的、爱情的、关于幸福的、履行义务的，等等？我们的愿望就是我们所拥有的最个人化的东西。通过对自己愿望的认识，人可以认识并理解自己。愿望是我们内在的个人财富，会反映出我们内心的财富。愿望——您会越来越清楚地体会到这一点——会为我们指明通向未来的道路。没有哪种幸福可以少得了变为现实之前的愿望，愿望中蕴含着力量，实现幸福的魔力作为核心生长在其内部，就像每一粒种子都拥有长成一株植物的潜力。没有愿望，人怎么能够在生活中完成特别的事呢？

然而，一个人拥有越多的愿望和兴趣，他的精力便会越分散，人就会越疲惫，在生活中能够真正实现的也就越少，他会过早地消耗殆尽。愿望越少，实现的力量就越大。因为每个愿望都有待实现。愿望越强烈，它的实现就越有保障。最重要的愿望会起到决定命运的作用。在下一节我们会更详细地论述愿望与目标。

由此我们就来看看意愿的第二个力量之源——勇气。没有勇气，我们便无法做出任何重要决定。一旦我们筛选出了最有价值、最重要的愿望，我们就有能力做出决定了。既然在这个世界上没有人能实现所有的愿望，弄明白应该放弃哪些东西才能使更重要的愿望得以实现就变得十分必要了。如果我们没有自愿地选择该放弃哪个，命运或早或晚总会通过失败的教训迫使我们这样做。此外，我们会从经验中明白，在实现最重要愿望的过程中，会有许多个小愿望自动地随之实现，或者干脆变得多余。

也许您了解国际象棋中丢卒保帅可能产生的奇迹：虽然牺牲了卒子，却能更快地将死皇后。由此，我们对小愿望的牺牲也可以看作是对更大、更有价值的愿望的投资。就像凸透镜可以聚焦太阳光线一样，愿望焦点也特别重要。强烈的愿望也可以将我们的精力集中起来。有一则威斯特法伦的谚语也许可以证明这一点：**想抓住许多兔子的狗，最终将一无所得。**

意愿的第三个力量之源是信念——相信我们可以实现自己的目标。经过内部处理的过程，我们的愿望就会变成目标。正如胃不能离开食物进行工作一样，我们的潜意识也不能失去目标而工作！我们需要的也不是一个随便的目标，而是符合个人特点的目标。只有与我们个人内心相符的目标，才能塑造未来。我们只能相信自己所希望的。在我们内心，移山之志在慢慢成长，唤醒实现自己愿望的力量。

我们的信念需要实现的能力，由此我们便到达了意愿的第四个力量之源。即使是最虚弱的人也拥有足够的力量来实现最远大的目标。尽管如此，我们还是要注意锻炼身体，以使它能够活力四射。如果少了健康和精力，即使是我们最远大的目标，也只能停留在梦想的阶段。您一定也曾注意到，弱者在愤怒或侵略面前也会成为拥有伟力的巨人。力量其实是足够多，而且唾手可得的。起决定性作用的只有一个问题：这力量将从哪个渠道倾泻而出。

意愿最重要的力量之源便是第五个——毅力。读人物传记时，我总会很受鼓舞，因为一部好的传记通常会比一本心理学专著所能传授的东西更多。成功者通过他们的成就证明了，实现远大目标是可能的。他们的头脑中先是燃起一丝愿望，接着有了维持它的勇气、完成它的信念，以及并非无关紧要的毅力——即使遭遇失败也矢志不渝的力量。深入研究成功的人——无论是谁，也无论是在哪个领域——都会找到毅力。每个人都可以轻易地开始，但只有通过不懈努力，一个人才能成为相应领域的“国王”。失败者常常是极富天分、才华出众的人，但他没有坚持到底。要脱颖而出，能帮助我们的只有毅力，更确切地说，是重复。运动、艺术、科研与经济生活，无不如此。通过重复，能力将最终从知识中诞生。第十三条思维法则的表述很准确：

“不断重复一个想法首先会使之变得可信，随后它则会成为根深蒂固的信念（同样适用于消极方面）。”

宇宙中随处可见创造的力量，这是一种压倒一切、不断向前发展的力量。这种追求完善的意愿是世界的本质所在。星辰运行，一切生命和所有现象都是这种具有创造力的原始意愿的可见反映。一切生命都是持续不断的意愿，每个意愿的火花都是生命活力在我们内部发挥作用的外在表达。但只有知道了自己想要什么，人的意愿力量才能有意识地发挥作用。因此每个积极思考者都明白：“我的意愿是我所以战无不胜的力量之源，而每个有意识的意愿冲动都是‘我想要’的‘它将要’。”

您应该坚定不移地从这一根本信念出发，每个人可供支配的力量都比他实际所用到的多得多。因此对我们来说，下面这一问题的答案就显得极为重要：“我该将力量用于怎样的目的呢？”要实现伟大或了不起的壮举，就没有老少强弱之分。唯一的前提是，集中现有的力量，并有意识地引导它们。并非所有有意思的事情都是有意义或有价值的，因此您应该尽力准确找出您真正想要的以及您的人生使命所在：您要有坚持它的勇气。只有通过这种决定，您才能认识到您精神上的、潜意识中的、与您相交之人和您所处时代的潜在可能性。只有知道自己想要什么的人，才能战胜困难、贫穷、危险——这些都是成功道路上必要的标志。

当“我将要”决定您的生活之时，您便走上了通往自己目标的道路。

我们生活在一个有趣的世界中，它不断地向我们提供各种可能性，然而正是这种多样性催生了浮躁与散漫。人最好能像上帝那样，无所不知、无处不在、无所不能。然而只有极少数人能够洞察得到，真正胸有大志的大师正是在其局限性中显露身手的。

如今我们通晓许多事情，但要真正理解它们，只有在人了解了内部联系之后才能实现：要知道，是什么将世界从最根本上联结为一体的，就像握紧的拳头一样。要想将一生用于创造意义上的“共同创造”，就必须有所作为，不仅要关注生活和周围的人，更要主动参与到世界的长远发展中去。因此，每个清醒地生活与思考的人都应该说：“我想要。”因为只有创造者才能生活。最大的成就是如何产生的呢？以下几点就是其必要条件：

1. 坚定地要有所成就的愿望；

2. 对才能的分析与对天资的认识；

3. 决心要加强什么：专注于一个目标；

4. 训练—练习—重复：因为每种才能都是经由实际行动发展完善的；

5. 您能力的完美呈现。

伟大的目标会唤醒伟大的力量，会激活人的内心与外在。由此一个人会散发出魅力，别人会这样评价他：“他知道他想要什么！”因此您的座右铭应该是：

我想要！——我能够！——我将会！

怎么判断自己的优势和劣势

要完善自己，思考以下的问题意义重大：

· “我该把精力投入哪里才能使它发挥出最大作用？”

· “我的劣势是什么？”

· “有什么是我完全缺乏的？”

· “什么事是我带着最大的反感在做的？”

在思考这些问题之前，您应该想想以下的问题：

· “什么事是关于我自己的？”

· “什么事我可以完成得很好？”

· “我最擅长什么事？”

· “我最大的成功是在什么领域取得的？”

由此我们可以愉快地得出结论：

1. 我知道我想要什么！

我了解人自身蕴藏的力量。

2. 我知道我能做到！

我了解我的智力和潜能。

3. 我会为我的一生赋予意义和内容。

我将充分利用时间，并和那些在路上支持我的人结下友谊。

愿望与目标其实是捷径

我们的愿望是对我们所拥有的能力的预感，是我们将获得的成就的先兆，我们的所能与所为是我们的想象力超出我们自身、在未来的呈现。我们会感到对自己暗地里所有之物的憧憬。

——约翰·沃尔夫冈·冯·歌德

有的愿望永远不会过时。人类最古老的愿望之一便是生活幸福，我们穷尽一生，都奔波在寻找幸福的路上。我们知道，要经历地狱，死亡并不是必经之路，地面上真正的鬼怪已经够多了。我们也知道，满意并不是一种常态，而必须不断地去重新争取。回顾一下自己的生活、现实与时代，我们就会有充足的理由心存感激。然而生活不会停下脚步，我们是自然界的一部分，生物进化的力量还在继续发挥作用，老的死去，新的诞生。因此我们今天应该提出这样的问题：要美好、快乐、完美地度过这一年，应该或必须做些什么事呢？

在计划、设想我们的未来时，不要从现实躲进幻想中去，要把今天看作是明天的基础。

如果我们分析人的一生，就会发现常常在一些紧急而绝望的关头，“我能做到想做之事”这句话会变得不可信。在这些关头，这句话甚至会导致过度的虚荣，将人心紧紧攫住，于是人就会变得固执。但即使是在绝望的情况下，人依然拥有向往理想与完美的能力：就算经历过一场严重的车祸，人也还是会希望能够活到80岁；就算直接面临破产，经理也会希望再建一个可以盈利的企业并生产新产品；就算是一个成绩很差的孩子，也会希望有一天成为最优秀的人。

在愿望的驱使下，我们的思维会逾越现实的局限，我们会深入到自己存在的更深领域中去。愿望的作用力——它的权力——比意愿要强大得多。意愿的力量可以让它与我们的天性抗衡，而愿望的力量要发挥作用，却必须先与我们真正的自我达成一致。

自信的人会认识到并承认自己的愿望。精神还没有被教育束缚的孩子会写下愿望清单，他们不只有勇气去想自己希望得到什么，更敢于以书面的形式写下来。没有比一个人的愿望更个人化的东西了，愿望会为我们指明道路。实现自己的愿望，这才是真正的成功之路。

我们的人生使命是人格的完善，然而要成为您想要成为的人，仅仅依靠这样一个意愿是远远不够的，许多人对此存有很深的误解。只有实现了您远大的目标，您才能成为您想成为的人。因为要实现远大的目标，我们必须激活所有能让人有所成就的能力。优秀人物不是生活在真空中的，人只有通过其作品、行为、举止才能有所成就。要构建明天，我们所需要的并不是针对每一个代价的目标，而必须是符合个人个性的目标，是我们年少时便植根于心中的目标。就像一个男人不可能爱上所有女人一样，一个人也不可能去追求每一个目标。我们要追求与实现的应该是与个性相符的、本身特有的目标。

既然人的生活存在许多不同领域，我们也应该将我们的目标细分为四个小组：

1. 职业目标；

2. 个人目标；

3. 健康目标；

4. 文化目标。

我们课程的一些参与者对这个顺序提出过异议。但基于我几十年的经验以及对上千人生活经历的认识，我想告诉您，我认为这个顺序是正确的，而不是像一些人希望听到的那样。我们若想真正赋予生活某种意义，而不是碌碌无为地活着，那么职业——或者用我们更贴切的表述，我们的使命——就必须放在首位。

正是职业生活要求我们借助计划来尽可能地避免突发事件。于是很自然地，职业目标在前半生与后半生变得迥然不同。前半生中首要的任务是认识并发展能力与优势，并找到合适的位置，来使才能得到成功并令人满意地发挥。后半生的目标应该完全不同了，比如说：找到新的优秀合作伙伴，或者更多地下放权力，减少20%的工作时间，培养接班人。

排在第二位的是个人。这是指您的生活伴侣、您的孩子、属于家庭的一切，别忘了还有您的朋友与相识。通过检视您个人的一面，您可以认识到，在职业与个人生活之间究竟是一种协调的互补关系，还是相互矛盾的对立关系。由此您便可以及时预见到可能的冲突并将其解决掉。生活中，在有些情况下，个人目标会成为最首要的。在和谐的人生历程中，职业与个人应该是互补地位于天平的两端，使之保持平衡状态。也就是说，它们应该是一个有意义的整体，即阴和阳。要想能够在职业与个人生活中都收获并享受幸福，第三点目标——健康便是您最重要的财富了。您也知道，只有体力充沛的人才能感受到幸福。您的健康不仅仅是受之于天的礼物，更是可以通过个人努力获取与促进的。

为了使您的整个生活成为一条由各个高峰穿起的链条，在第四点目标上您就不能只满足于拥有某种爱好了，而应该使自己成为那些追求文化理想的人中的一员。即使您目前没有时间或精力，您也应该立即开始考虑一旦时机成熟，您想要从事何种美好的事业或艺术。当亨利·摩尔想创作一个大型雕塑时，他首先会做一个小模型，以便按照它去制作雕塑。我们的目标、计划正是我们为未来所做的模型。

在专注追求我们目标的每一分钟与每一次重复中，增长的不仅仅是我们内心决定的坚定性，还有我们的执行力。幻想目标实现的可能性是完全创造性的冥想过程。对实现愿望的渴望，来自美好魔法的国度。让我们再次来学习这种幻想我们未来的魔法艺术吧。

练习：确立目标

畅想您的愿望。在这四个最重要的生活领域中，您分别有什么愿望呢？请您写下来。

我的个人愿望目标：

1．职业；2．个人；3．健康；4．文化。

①

②

③

④

⑤

……

为了更清楚地思考，让我们将个人愿望目标分别列在从第1点到第4点的栏目下，这是我们的第一步。为了能实现我们对愿望的设想，我们来为每一个真正有价值的愿望制定它自己的计划表。

对于我最重要的愿望目标：

1．人（有哪些人可以帮助我？）；

2．知识（我还需要哪些信息？）；

3．经济/财政（会产生多少花费？）。

①

②

③

④

⑤

您可以将这张清单分级细化，并由此制定出未来的计划表。您要常常拿起它检查一下您在所有重要方面的生活目标并加以调整。在这份计划表中，每个生活领域都有了独自的章节。制作一份这样的计划表的过程本身就已经可以于您自身发挥巨大的积极作用了。现在您就不再属于那95%盲目走向未来的人中的一员了——不，您已经计划好了每一步。如果您每周至少看一遍这张计划表，那么您的潜意识就会自动而具有创造性地开始工作了。这份计划表会激发您的潜意识，并扮演顾问的角色，给出最好的建议。您可以并且将会带着极大的喜悦看到，直觉会发挥越来越强大的作用。因为灵感是灵魂的答案。而且您首先会注意到一点：每个灵感都会愉快而兴奋地起作用。为了使您的生活越来越井井有条，您应该尽可能做到以下要求：

1．总是在同样的位置、同一张桌前研究您的计划表——“我的未来”；

2．总是在同一时间进行；

3．慢慢调整呼吸，放一盘轻松的CD作为背景音乐，将音量调到最低；

4．每当有了一个想法、主意或灵感时，立即写下来，同时写下它们在那一瞬间显现的意义。

一旦您开始了具体的行动，您的愿望便会自动凝聚力量，生发出一股独立且目标明确的活力。创造性与直觉会成为您最有用的帮手。倘若您每天都有意识地执行您的计划，那么您就会发现，奇迹在发生。合适的人与偶然机遇会出现在您的面前，您会比您所预期的更快接近目标的最终实现。

未来首先出现在我们的脑海中。我们都了解，历史上的成功人士都是通过其思想实现成功的。他们的双手只是为其头脑提供服务罢了。所有已产生的必然都是首先经过考虑的。

当我们再次得知自己想要什么，内心便会得到极大的平静与坚定，然后我们就可以开始我们的课程了。所以，亲爱的读者，您该做的不仅仅是赞同地点点头，而应该立即动笔，开始规划。

请注意以下的生活准则，它们会帮助您调整自己的目标。

八项生活准则：

1．如果您认为某个主意和它的实施是正确的，您的潜意识便会自动地促成其实现，并目标明确地向您提供帮助。

2．拥有信念是成功的真正秘密。信念会唤醒灵魂与精神的所有力量——您自身的、您周围人的，以及您的帮手的。有信念者，人人助之。

3．请注意心理卫生。纯净的思想与洁净的身体、干净的衣物同等重要。只有当您成为自己情感与思想的主人，您才能掌控自己的命运，而不是任人摆布。

4．每个人自出生起都怀有为其人生道路服务的特殊才能。但它们需要被发现、开发与改善。只有到那时，人才能走“他自己的”道路，实现自身的完善。人，才是最本质的！

5．引力与斥力存在于宇宙万物之间。同样，每个人都在积极与消极之间摇摆游移。要注意会使您变得消极的领域、事物以及人，并摆脱他们的束缚。要强化对您产生积极影响的一切，因为要完善自己的人格，您会需要这种积极趋向。向您的支持者寻求帮助，不要与您的批评者做无谓的争吵。

6．“你与你所理解的灵魂是一致的”，歌德如是说。这就是说，您所理解的，都会在生活中经历并体会到。如果您想要理解更多，您就必须不断努力汲取知识，它要求您既能逐个分析又能统观全局地思考、决定、判断，并得出清晰的结论。要汲取知识，就不能停留在静态的思考中，而是要每天打开思路，迎接一切可能的事——更重要的是不可能的事。

7．只有节奏一致的意识与潜意识，才能带来发展。每个人每天都需要与潜意识在静默中进行交流。只有这样您才能学会，在喧闹的白天听到潜意识好意的提醒。它会告诉您是该赞成还是该反对，应谨慎还是该果断。

8．消极的外界影响会成为消极刺激。请保持您个人环境的纯净，不要让自己背负“灵魂污染”的负担，它也会荼毒您的思想与行为，尽管并非出自您所愿。潜意识不会自行判断价值，它只会吸收耳闻目见的一切，不去区分它对您是好是坏。因而您必须提前自己作出判断。任何一个消极的想法、电视上的谋杀案或恐怖场景都会成为消极的刺激。

每隔一段时间检查自己的计划

如果您有了一个计划即一个目标，请每两个月检视一下这个目标。每次都要重新计划所有细节问题，并且每天都要借助上一个练习中的清单检查您的目标。可以写得很简略，但一定要写下来！因为只有这样您才能确定，您是否真的距您的目标越来越近。同时您也要时不时地检视自己的计划，它也需要进行调整，因为您自身与您所处的环境都会有所改变。请每隔一段时间就对照一下下面这张清单。

1．您是否为今年制定了目标并以书面形式将它确立了下来？您对明年是否已有了某种规划？

2．您是否明确地了解实现这一目标对您个人意味着什么？

3．您是否真的能实现这一目标？您是否了解自己身体与精神上的局限？

4．您是否为该如何实现这一目标制定了书面的进程表？

5．您个人的计划是否与其他人的计划相协调？是否符合您同事、合作者、竞争者的计划？是否满足了市场需求或家庭期望？

6．您的计划是否划分成了具体的阶段并定下了阶段目标？

7．您是否定期对成果进行评估并预先制定评估方式？

8. 您是否知道谁可以帮助您实现计划、进行监督、给出建议、提供经济支持、提供材料或资料、传授诀窍？

9. 您是否准确地估算了自己的时间，而没有高估为120%？

10. 您确立下一个目标并为此制订计划，是为了真正地去实现这一目标，还是仅仅为了安慰自己的良心，或是为了赶时髦？您真的迫切渴望去做或完成某件特定的事吗？或者您已经再次陷入了例行公事之中，只不过偶尔会听到远方传来某种模糊的呼唤罢了？

然后请您立即从头到尾读一遍，之后您很快就会忘记，您今晚还有想要听到、看到或读到的事。

每个人的生命都有其特定意义

人类的意义就体现在他据为己有的事物中。

——卡尔·雅斯贝尔斯

生活是美好的，生活是艰难的，生活是短暂的——生活，它究竟是什么？生活是活力的表现，生活归根结底不过是一场燃烧的过程。假如生活真的是一场燃烧的过程，那么它一定是毫无意义且毫无价值的。但我坚定地认为，任何人的生命都有其特定意义，而且每个人都可以为其生活赋予意义和价值。认识到这一价值并走上实现它的道路——这就是每个人都应该有意识地为自己定下的任务。我们知道，人类是唯一能够思考其行为的生物。“我这样活着是否正确？我该如何改善我的生活方式？怎样才能更好地审视我的生活，获得更多的平静？”

人之为人，意味着追问，比如追问存在的意义。一旦人从其行为中找到了某种意义，他其实已经将其舍弃了。但假如找不到意义，那么他便会迷失在各种形式中。身处福利社会，几乎我们的一切需求都能得到满足，只有一种需求例外：没有哪家商店可以让人买到其生活的意义。

现在我们都很清楚，自己要靠什么活着。但我们同样明白，自己为了什么而活着吗？找到并实现自我价值是个人一切活动最深刻的意义。没有谁的生命不曾为他备下某种意义。不去抱怨，而是埋头做事、实现目标、执行任务或是完成工作，这样我便可以让生活变得更有价值。因为当我处理事情或是有所作为时，我总能感知到自己与他人。我们的理想是人类能够成为现实的塑造者——如果可能的话——重塑者。

人类可以完成许多事，只有一件他无能为力：他无法一直生活在恐惧、担忧与害怕中。我们知道，恐惧和担忧是有可能引发癌症的。只要人类还存在，只要人类还生活在这个地球上，就会有困难和失败。而正因如此，孩子才应该在学校中就学会如何为这种生活做好准备，不是如何去幻想一个美好安宁的世界，而是怎样尽力一点点去雕琢、塑造它。人类不是一种只会作出被动反应的生物，而是可以发出明确信号、主动行动的生物。我们有三种生存的能动性：

1. 我们可以改变环境；

2. 我们可以改变自我；

3. 我们可以改变二者。

这里的改变当然要从积极意义上来理解。我们已经有了足够多制造问题的人；相反，我们该考虑的是，自己能为他人带来怎样的价值和作用。有三种方式可以生存：乞讨、偷盗或是有所作为。有所作为即为自己和他人带来价值。价值越大，个人的成功、他人的尊敬与社会的认可和反响就越大。

这样看来，才华出众的人更容易有所作为，并且创造价值，应该更容易成功才对。事实却是，有很多拥有才华的人却并没有取得相应的成功。这又是为什么呢？

才华出众的人之所以会常常失败，是因为他们不懂得、不注意，也不考虑怎样与人交往。只有当我为他人带来好处时——以前常用“服务”一词，他人才会为我带来好处。只考虑自己利益的商人只能做成一单买卖；只是出于经济考虑才嫁给她丈夫的女人，会成为最不幸的人；只为了缔结经济纽带才加入某协会的人，始终会是一个局外人；那些我们只有在有所求时才去联系的朋友，过不久就不会再与我们联系了；而我们只会一再为其增加负担的自然界，总有一天会失去恢复能力。

“带来好处”这一原则在生活的方方面面都发挥着作用。我们不该由乞讨或偷盗来维持生活，而要以带来益处为目的去工作。许多人不是以成为有积极影响的大师而骄傲，反而以让他人不舒服或让人心生恐惧为荣。我们消磨时光的生活空间是由自己创造的：平和或是躁动，受人尊敬或是遭人唾弃，阳光灿烂或乌云密布，取决于我们是赞赏、帮助、支持他人，还是拒绝并草率地谴责他人。

您曾在何时何处为他人带来过好处？这种价值有多大？那些有意识地不仅要做个好人、更要为了一个有价值的目标而努力工作的人，会收获到坚定的自我意识作为回报，并会因此不再依赖于他人表面的赞赏与肯定。因此您不仅应该考虑这件事，更应该决定自己想要在何处、怎样为他人带来好处。此处和宇宙中的各处一样，存在着多方面的变数。您要学会有的放矢和专心致志，回归自己内心的统一。只有这样您才能实现自己的计划，并成为一个对他人有用的人。

每种才能都是通过行动得到开发的。您越是去开发自己的才能，您的人格魅力才越能彰显出来。

没有无能之人，但是却有许多因贪图安逸而荒废自己才能的人。

抱负和成功对有的人来说，是有害的。当他们有所成就时，其实会觉得问心有愧；而为他人带来价值的人，是可以心安理得地享受其成功果实的。假如医生有这样的志向：“我要做一名好医生”，那么每个病人都会从中受益；如果母亲有这样的心愿：“我想做一个好的教育者，一个好母亲”，那么每个孩子都会因这种心愿而受益；倘若一个助理渴望做一名优秀的助理，那么每个企业和顾客都会从中获益；若是一位老师有志成为优秀的教师，那么一代代的学生都会从中受益。因此让我们在追求目标的过程中加入善良的意图，去学着享受我们的成功。因为成功是一条自然法则。

您为自己做得越多，越多地致力于自己的长远发展，那么您就能在今后为他人做更多的事，并有所裨益。不注重自我完善的人，就几乎无法产生价值，少有成功的经历，因而得不到重视。完善自己是指去完善那些先前就存在、但一直未经开发的才能，也就是说，我们应开发并强化自己的才能。人之为人，并不是指已经到了其发展前景的终点，而是刚刚开始成为一个人。如果我们能认识到，自己其实只利用了自己机遇和能力的十分之一，我们就会意识到，我们所有人都严重低估了自己，而这种低估正是当今时代许多未解问题的根源所在。我们其实都拥有丰富的力量、健康与智慧储备。认真对待您个性的完善，不要总是抱怨命途多舛、时运不济、年华易逝、贫困交加，或是缺乏爱人、家人、同事的理解。说到底，要去理解并利用您的能力、机会和前景。

每个人都应成为其工作领域的统治者。他的能力要在自己意愿力量增长的范围内，才能得到进一步完善。而他迄今为止在生活中的消极面也会与之相应地同时转变为幸福、健康和成功。

您不会有别的机会，必须开始行动了，这样您所谓的风险才会降到最小，甚至少于您在理论的防御方案中所能想象到的。有一些人出于恐惧会作出错误的决定，辗转于一个又一个顾问之间，宝贵的生命没有用来在行动中收获阅历，却白白地这样挥霍掉了。因此请不要再用这样的借口自欺欺人："我还需要一些信息、一些进一步的考虑，才能作出决定。"能够提前预知一切、综观全局的那一天是永远不会到来的。规划出的道路是否正确，您只有真正去走两步才能知道。

我们的潜意识明白我们理想中的道路是怎样的，它会引导并指点我们，只要我们有勇气开始开发我们的天资与才能。

"一个小小的思维火花可以燃起一片耀眼的火光。"

如何判断出自己的天赋

请您拿一个便笺本，将每一页都分成不同的栏目，以便提问和作答。

第1、2页的问题：

· “我的祖父、祖母分别最擅长做什么事？”

第3、4页的问题：

· “我的父母分别最擅长做什么事？”

请用几天时间来思考答案，这些问题会在您的潜意识中引发反应。之后您再向自己提问：

· “我最喜欢做什么事？”

下一页：

· “我最擅长做什么事？”

每个问题的答案都应该包括6~10个要点。

每个人都会在其生活或职业中找到可以实现自己继续发展的领域。您对这项任务或才能开发的范围越广、程度越高，就会被它提升得越高，成功与肯定必然随之而来。所有这些认识，您都可以在我们关于完善生活的基本原则中找到。

发挥专注的能量

巨大的太阳金光焕发，
好似血红的蓓蕾绽出一簇火花。
如英雄发出耀眼光芒，
太阳怀抱着千万个太阳。
你静静地放出万道霞光，
喜悦在你脸上流淌。
向着年轻的早晨，你驻足门边，
像那天使，守护在我们的忧愁前。
金丝空悬，如同蜂蜜拔出的细线，
交织在花园的葡萄藤间。
太阳啊，你像金色的喇叭，
光灿灿的铜镲，

和那闪闪发光的笛！

我高举双手欢迎你！

——安娜·德·诺阿伊

我们一直在练习的思维训练首先会在内心起作用，它会改变我们的内心世界，使我们变得更平和、更自由、更完善。之后这种深度放松的形式才会以相同的强度作用于外界。因此和避世不同，我们要摆脱负面影响的束缚，然后我们的思维训练才会通过积极暗示，强有力地作用于内心与外界。如果我们不想接受和忍耐世界一直以来向我们展示的样子，而是想要参与完成世界的共同创造这一使命，那么我们就必须强大起来。

找到自己重心的人，也会成为他人的重心。

任何想要有所行动、有所改变的生命形式都会需要力量与能量。人类为了获取并保存能量做了许多努力。一切都围绕着这种潜在能量，由生命开始，随着生命与物质形式的分离而终结。物理学由此出发，认为我们的宇宙是由大爆炸诞生的，如果一切都源于唯一的源粒子，那么这种力量也一定存在于一切之中。所有的宗教都有“无所不在”这一概念。那么若是一切都源于某个源粒子，它一定也存在于万物之中，存在于我们所见、所感的一切之中，也存在于我们每天所摄入的食物之中。所以我们吃的不仅仅是面包，而且是在吸收面包中所包含的能量。我们所喝的饮料、所接触的有生命的植物、动物也都是这个道理。

大约2500年前，印度的瑜伽修行者就有了一个天才的发现。他们认为，如果普遍的生命力无处不在，那么它一定也存在于氧气之中。由这种观点出发，印度的智者发展出了他们的调息运动法。他们将这种原始力量称为Prana（即生命力）。伴随着每一次呼吸运动，我们吸入的不仅仅是氧气，同时还有Prama（即普遍的生命力）。这一基本理论知识当然只有通过正确的、相应的实际呼吸活动才能发挥效力。但调息运动法这种近乎神奇的作用究竟能否实现，取决于我们是否专注于呼吸这一过程。归根结底真正发挥作用的是专注的力量。但在呼吸中我们的麻烦是，呼吸看不见、闻不到，因而专注于它就显得十分困难了。为了实现这一点，我们应该在脑海中建立这样的自我暗示：我在积极吸入太阳的能量。

太阳的能量是任何人都可以清楚地想象并直接感知到的。人人都熟悉阳光和煦的春日所拥有的无法比拟的魔力，它会唤醒沉睡在泥土中的花朵，还有闷在房中的人们。太阳在支配着我们这个世界，它像一个指挥家，像一个端坐王位的国王。当它作出了某个决定，它只需要给出一个信号，世界上的一切生灵便会忙着去执行命令了。它在大气中几乎从不曾有所改变，却以电磁干扰一再地改造着植物界、动物界、人类世界，以至一切物质循环和相互联系，所有重要的地质事件的源动力都是太阳，太阳耀斑和黑子只不过是太阳的作用信号。我们所有人都在追求并渴望着太阳的照耀，我们到阳光灿烂的异国他乡度假，只为能沐浴在阳光下。

因此这一暗示的作用和成果很快就能显现出来。因为太阳所照之处，阴影退却；太阳所到之处，忧伤离场；太阳欢笑之处，沮丧消散；太阳照耀之处，幸福与生命茁壮成长。“自觉或不自觉的专注是生命活力的浓缩体现”，因此我们要让太阳能量的暗示来增强我们的生命力。

对于成功的人生来说，暗示的第二部分尤为重要。因为能像太阳一样发光发热的人，是不会孤独的；能像太阳一样发光发热的人，不会有沟通困难，也不会有恐惧；能像太阳一样发光发热的人，是人人都愿意结交的力量源泉。这就是独具魅力的人物的秘密所在。

练习：吸入太阳能量

在今后的生活中，请您每天进行三次完全专注而有意识的深呼吸。每次要包括25次左右的呼吸运动，这样您就能吸入太阳的能量。在这个练习中也要考虑到阴阳的两极法则，因为只有先吸入，才能呼出，一方决定着另一方。自我暗示首先起作用的部分是：

“我吸入太阳的能量……”

然后是第二部分：

“……因而能像太阳一样发光发热。”

您首先要彻底地吸气，接着缓缓地、似有所闻而充分享受地吸气。然后轻声说出下面两条自我暗示的话：

“我吸入太阳的能量，因而能像太阳一样发光发热。”

您肺中的空气会随着说话呼出，因而身体会有强烈的再次呼吸的欲望。这时您再次缓缓地、充分享受地吸气，并重新去感受太阳的能量渐渐充满肺部的感觉。呼气和吸气可以以这种方式形成一种平缓的节奏，通过这个重复25次的练习，您会毫不费力地到达α波状态。如果您愿意并且有时间的话，接下来可以听一盘冥想CD。重要的是，您应该独自并在放松的情况下进行这个练习。

了解过去，成就未来

受于父辈的天资，也要努力才能拥有。

——约翰·沃尔夫冈·冯·歌德

让我们先来分析一下歌德的这一想法。关于天资，一直以来都存在着激烈的讨论。但所有这些讨论中令人惊讶的地方在于，恰恰是天资理论的捍卫者对于他们究竟继承到了什么这一问题越来越显得无言以对，大多数人似乎都忘记了自己继承到了什么。

有机会继承到物质遗产时，许多人都会很高兴。不过我们也都知道，自己有拒绝接受的自由。如果有谁不明白自己是谁，他就永远无法理解自己想要什么，他只会漫无目标地围着自己的所有知识和力量打转。关于这一点，著名历史学家戈洛·曼曾做了清楚明了、易于理解的论述：

也许我们会有这样的经历：半夜醒来，发现房里一片漆黑，我们会去摸索台灯，却找不到它，因为我们身处一个陌生的旅馆房间里。有那么一瞬间，我们会惊慌失措，不知道自己现在或昨晚身在何处。是的，在那一刹那我们甚至不知道自己是谁。接着，记忆会以最快的速度使一切恢复正常。显而易见，我们当然还在昨晚到达的X城，而现在我们在一间旅馆的房间中。左边是墙，右边是灯，而不是家中那样墙在右、灯在左。打开灯，那边是窗，外面是街道，一切又回到了正轨。因为我们知道了自己身在何处、是如何到达的，也重新知道了自己是谁。

没有记忆我们对这些就无从知晓，没有回忆我们就不得不一直深陷在憋闷的恐惧中，遗失了清醒的身份。没有记忆就没有过去，也不会有未来。我在想："后天是周五，我会拿到报酬，然后要买这买那。"但是我之所以知道后天是周五，只是因为我知道前天是周一。不去追忆往昔，我们便无法规划未来。

对于人类来说，宇宙的历史即个人的记忆。它整合了过去，给了人类这一抽象概念以现实意义。宇宙历史是全人类的记忆。

……

科学家们不会用造物行为来表述，他们更倾向于大爆炸的理论。如果我们站在今天回溯宇宙的历史，越过发展的各个阶段，就很难相信这一切会源于偶然。

您知道，我们的“成功之路”哲学是以西方思想为基石的。现在我们已经知道，如果一种文化不再认同其自身的价值形态，那么它就会走向衰落，因为那样它就失去了向着下一阶段发展的决定性力量。我们在观察这个世界时，还在某种程度上使用着阿尔贝特·施韦泽的观点：生活存在着肯定自身的趋势，带着意愿的自我肯定去生活，是自然的法则。阿尔贝特·施韦泽所说的既是对生活的肯定，也是对世界的肯定。

回顾人类历史，一个阶段跟着一个阶段持续发展的不只是世界，我们人类自身也一直这样发展到了今天。之所以有这样的结果，是因为我们的祖先成功了，是由于人类成功地一再战胜成千上万的危机。这样一来，想想我们所继承的，我们就会发现，自己继承下来的不只是过去所有成功者的经验，还有丰富的从未来中学习的能力。世界见证了许多伟大的人物，他们作为人类的伟大之处在于其思考与行为。如今我们回顾过去，只能饱含惊异地折服于人类发展至今所完成的壮举。这一点对您的生活和目标有着决定性的意义：人不仅要从传记中寻找认同感，更要能满怀骄傲地看待自己的过去。

要塑造未来的人，应该对历史的长河有着清楚的认识。

我希望能激励您来写一部个人的传记。别害怕，您不是要写一部300多页的畅销书去卖，只是写10~20页A4打印纸就够了，篇幅您可以自己把握，其实在书写的过程中，您自然会知道该何时停止。也许这可以作为您的一项假期任务，毕竟在假期中您总要回顾过去、规划未来，以保证您过去和现在犯下的错误将来不会再次出现。

您会发现，写自传是一次通往自己过去的旅行，也许甚至是在一个陌生的国度漫步。在这一过程中，您会对人和事产生全新的认识，而且不是以今天单方面的既定视角，而是从一个学习者的角度。我们的人生是一个学习的过程，我们降生在世界上，不是为了尽最大可能让自己过得安逸，而是要积累知识和经验，实现自我发展。因此没有什么事的发生是徒劳无益或纯属偶然的。一切都有其意义，并且会对我们有所教导，与人交往和遭遇疾病或失败也是一样，任何一种境遇都会教给我们一些东西，我们应该接受这一信号，正确看待它，把它当作我们今后生活的知识积累起来，这样我们才会从中获益。如果对它视而不见或者无动于衷，我们就是在倒退。为了使我们明白这一点，下一次同类事件会以更粗暴的方式出现。如果我们依然无动于衷，那就必须吞下自己称之为“命运”的恶果了。

您的自传可以看作是自我分析的一种形式，由此您可以为未来的道路准备好创造性与力量。个人的自传不仅有助于充实自我认知，您还可以由此获得释放。就像照镜子一样，我们可以清楚地认识到自己的生活状况，并预测出我们的生活轨迹。由此我们会认识到，自己的精力有意或无意地流向了哪里。我们也会明白，观看、成长、成熟、收获有多么重要。此外我们还会理解时间的价值，尤其是更好地利用时间的意义。几年之后我们会看到，自己是怎样从挫折中成长起来的。我们会明白，自己的信心是怎样突破自卑情结慢慢壮大的。我们会认识到，猜忌、妒忌是怎样发挥其消极作用的。这也是战胜我们目光短浅的一个绝好机会。

研究我们自己的历史会帮助我们认清自己是谁，以及自己想要什么。

我们会学到，偏见会产生多么可怕的后果。记忆是生活的发明实验室，能让我们意识到自己存储的财富的宝贵价值。因此，写个人自传既是对意识的拓展，又是对个人性格的完善。借此我们会得到极大的精神独立与解放，会认识到自己迄今为止的经历，评价并继续发展它。我们个性的核心部分会更加坚定，我们会通过自身成长并成熟起来。

个人传记会为我们提供一个绝妙的机会，来将过去遗留下的不必要的负担从甲板上丢下去。通过崭新的、拉开一段距离的观察思考，所有的时间和机遇都有了完全不同的意义。这些事件既可以看作是已成定局的，又可以作为未了结的继续加以研究或者利用，但它不会放任我们继续和那些精神负担纠缠不休。

失败者通常倾向于将自己的历史丢在一旁或者压抑隐瞒，但是懂得以史为鉴的人会对自己有更清醒的认识。正是遭遇了挫折与失败之后，自省才显得更加必要，因为过去是今天与明天的基础，自传会使我们的基础更加牢固。没有坚实的基础，也许一时并无大碍，久而久之却会在时间的洪流中失去立足之地。自传会迫使我们进行反思，并为我们定下区分有用和无用的标准。它会使未来的使命更加明确与坚定。因为倘若我们不知道自己来自何处，我们又怎能知道自己是谁、又将去往何方呢？

混乱的纠缠以致完全的崩溃，不只存在于某个民族的历史中，从人生经历中，我们同样能观察到这种现象。被隐藏起来的小事件一旦越积越多，总有一天会像雪崩一样爆发出来，使人有窒息而死的危险。

许多人为了寻求新的人生开端，会选择心理治疗。但只有当人准备好从个人的过去吸取经验教训时，这种疗法才是有效的。人是无法逃出自己的历史的，所以我会鼓励人们去寻求自我认同，再没有什么会比失去自我认同感更糟糕的了。

每个人一出生便得到了自己人生旅程的车票，我们应该将这段人生之旅用来实现目标，即实现自我。我们在生活中所经历的一切并非都是美好的，也并非都值得珍藏，我们会在一无所获的车站选择下车。因此，自传会促使您向着积极的方向转变。我们会慢慢懂得，自己无法摆脱过去，而且不会有所谓的重新开始。因为要摆脱过去的束缚，只能通过与自己的大脑分离才能实现。我们大家长期负担着的不仅是自己的身体，还有那些迄今为止的经历。只有了解、懂得并接受了自己的人，才能与其他人结下友谊，并促进相互间的共同进步。所以一个不喜欢自己的人，也一定会与其周围的人格格不入。

通过写自传，我们会认识到，能否将每一天都过得富有新意，其实取决于我们自身。能否解决问题和冲突，平息争吵和怒气，消除积压的怨气，关键只在于我们自身。

世界一成不变，只有我自己可以改变。

审视过去，我们便能掌握将一切做到最好的艺术。立足当下，我们会发现还有许多地方有待提高：我们与他人的关系、与自己的关系，还有与自己发展以及个人使命的关系。要思考未来，我们必须向过去学习。写自传不是为了带着怒气回顾往事，而是要通过追忆过去更好地预见未来。写自传就像从山顶俯瞰谷底，由此我们未来的图景也就会清晰起来。

了解生命中出现的人对自己的影响

为了能更好地了解，您为什么会遇到出现在您生命中的那些人，以及这对您产生了怎样的影响，请您来写几张卡片，最好用A5大小的索引卡来写：

- 我的父亲向我传授了什么？
- 我的母亲向我传授了什么？

……

请在每张卡片上写下您生活中重要的人，并标上各自的利弊。那些您无须费力便可接受的，以及需要由您个人去完善或巩固的地方，可以直接略过。而那些您最常起冲突或一再感到气愤的地方，才是您仍需努力之处。

第三章

失败和恐惧是你的一部分

拒绝从事额外的事情

工作只会让生活有滋有味，永远不会变成生活的负担。整日苦恼的人，一定讨厌工作。

——戈特洛普·威廉·布尔曼

您感到自己超负荷了吗？总是？偶尔？为什么呢？责任在您自身还是您的环境？要有效地应对问题，人必须首先认清问题所在。因此您首先要老老实实地弄清自己超负荷的程度。请您写一份关于自己现状的报告，清楚地列出您的所有阻碍。

“我已经无路可走了，这件事超出了我力所能及的范围。再这样下去，我会疯的。是的，再这样下去……”这其实只是假象，似乎我们的生活节奏越来越快、越来越激烈，好像我们所肩负的责任越来越大。我们的文明病清楚地表明，许多人的生活都脱离了正轨。

成功人士的阴—阳标志提醒我们，每天都应该保持平衡状态，保持给予和索取、忙碌和悠闲的平衡。许多人都为追求成功而疯狂，力求实现绝对的成功，却忘记了这其中的比例关系10：6：4。就算您再优秀、再出色，十件事中也总有四次会遭遇失败，即使您工作到累死也是如此。

而那些承认自己并不完美的人会活得好得多，他们承认自己并不完美，知道自己会犯错。一旦奋力去追求完美，人就会失去其承受力。想要优秀，可以；想更优秀，没问题；但是不要不撞南墙不回头。如果理性地分析压力过大产生的综合征，我们会发现4个主要方面是其根源：

1. 要求苛刻；
2. 健康状态不佳；
3. 缺乏工作计划；
4. 怀有各种恐惧。

由于许多人无法认清自己的劣势与优势，他们会强迫自己努力、积极地去工作。但努力与积极只有在我们顺应天赋地朝着自己的目标前进时，才能给我们带来预期的成功。单纯的努力也有可能导致心肌梗死。成功之路并不会因为一直努力工作而变得明朗起来，它反而要求您学会拒绝从事那些额外的事情。这些事也许很有意思，但它们不会产生效率，而只会偷走您宝贵的时间。

建议一：认识、巩固并利用您的优势。

担负着责任的人，必须保持清醒与年轻。不创造必要前提，我们便无法不间断地向我们的身体索取能量与精力。我们需要的是充满活力的躯体，只有精力充沛的人才是幸福快乐的。能量会在不经意间由内而外地发挥出来，您要注意让原本就健康的身体器官保持健康。

建议二：常常进行深呼吸，由此为身体提供足够的氧气。常做运动，每天做体操。

我们都学过，要完成工作应该怎样做，但只有极少的人懂得正确划分自己的工作。我们一再谈及机遇和合理规划的优点，只是极少考虑自己的工作节奏，不去考虑如何才能合理安排工作。对我们个人的成功来说，最重要的任务莫过于计划了。我们过多地着眼于执行，却很少关注计划。这正是许多人天赋异禀，累得要死要活，却始终无法进入领导层的原因。计划工作即分配时间，每个工作日有8~10个小时，但每个小时只有60分钟。请不要将精力白白耗在错误的地方。永远不要忘记：精确和细节是两个概念。关于时间分配的更多内容请您参看“正确规划时间”这一节。

建议三：为最重要的事创造时间。有针对性地制订计划，这样您每天最多能省出两小时的时间。

我还从未见过有人会因工作而死的，能摧毁一个人的是他的恐惧、忧虑和阻力。恐惧是神经这块电池的漏电处。杰出的人毫不费力就可以处理好一切，而心怀恐惧的人会觉得一切都困难无比。我们内心越自由，一切事情就越容易迎刃而解。请检视一下您对自己的职业和工作的态度，只有当我们认为什么是困难的，它才是困难的。如果您向一个被催眠的人暗示，椅子是固定在地上的，无法移动，那么被催眠的这个人用尽全力也无法将椅子移动分毫。但如果您暗示他，椅子很轻，这个人也许用一根手指就能将它举起来，尽管椅子的重量并未改变。如果我们认为一项任务是无法完成的，那么它就是不可完成的。如果我们认为一项工作很艰巨，那么这个想法就会耗尽我们所有的气力。所以在进行我们的放松练习时，请一定不要暗示自己"我的四肢变得沉重了"，而要一直对自己说："一切都变轻了。"

您会发现，超负荷——这个我们最大的敌人正存在于我们自身，即对我们自己的怀疑，怀疑自己的力量与才能。这种怀疑会导致抗拒和恐惧，这些会从内部毁掉一个人，这种恐惧会蚕食掉他最后一丝力量。我们应该跳脱出来，用快乐来反抗。快乐是永恒的自然界中强大的羽毛，它可以驱使巨大的世界时钟不停地转动。与恐惧打交道的更详细的方法您会在“恐惧是生活的一部分”这一节读到。

建议四：学会自我激励的艺术，每天进行主动的自我暗示。

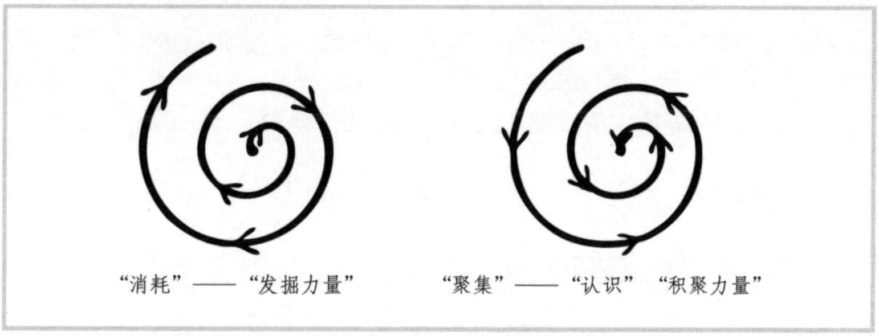

图6：发掘力量与积聚力量的螺旋

我们生活的世界在变得越来越小，但其任务却越来越重，因此您必须为自己的使命做好准备。我们都有机会在完成使命的过程中实现自己的成长，但只有当我们耗费掉的力量能再次回流时，我们才能获得成长。因为精力耗尽的人会先于时间衰老，您要能够区分筋疲力尽与疲惫困倦。疲惫困倦是一种必然的现象，是自然而必要的前提，它会让我们进入恢复精力的睡眠。而筋疲力尽则是以一种持续的形式出现的，无法恢复。在下一节中您会得到一些关于放松的建议。

建议五：您每天应保证7～8小时的深度睡眠来帮助恢复精神。

超负荷是对人的全面攻击，会让企业和家庭深受其害。懒惰是一种精神疾病，但工作狂也是一样。回顾历史，我们会发现有许多大人物似乎也是超负荷的。尽管如此——或说正因如此——他们取得了非凡成就的同时，也保持了充沛的精神力量。没有乐趣的工作是无聊的，是令人厌恶的事情，会使人患病，比如癌症或心肌梗死。所有伟大人物成功的秘密很简单：他们热爱自己的工作。从现在起，您就该更多地依照热情这一原则的指导去生活。您马上会发现，热情不只在外部起作用，其对于人内心的作用是惊人的。热情可以缓解紧张和压力，改善新陈代谢，刺激血液循环，调节内分泌，提供精力和能量，帮助消化吸收，完成能量储存，唤醒健康的状态。

测试自己是否超负荷

1．您每天平均工作多久？大概多少小时？

2．您在正常的工作时间外也会工作吗？经常，有时，还是从不？

3．您会根据计划分配工作时间吗？

4．您的工作模式是多样的还是单调的？

5．您的工作日是否太短？

6．谁为您分配工作？

7. 您在工作中能得到必要的支持吗？

8. 您认为自己的负担主要存在于哪方面？

9. 您的企业氛围是怎样被激发出来的？

10. 什么工作对您来说特别费力呢？

11. 工作之余您还做些什么？

12. 您晚上会外出活动吗？一个月几次？

13. 您怎样让自己得到最好的休息？

14. 您怎样看待思维训练？您多久进行一次？

15. 您在深造中表现如何？只是很努力吗？

16. 您如何度过空闲时间和假期？

17. 您在空闲时间可以把和工作有关的一切抛到脑后吗？

18. 您多久可以入睡？

19. 您一晚会醒几次？

20. 您服用兴奋剂吗？

21. 您经常服用安眠药吗？

22. 您一天喝几杯咖啡？

23. 您认为该如何改善您的超负荷？

有影响力的人是不会让自己超负荷的，他们明白要关爱自己这一原则。我们也应该由此开始。为了以后不那么劳累而现在去劳累，这才是危害最大的劳累。下面讲的便是该如何在完成各种任务的前提下使自己免受超负荷之苦。

有勇气走自己的路

一旦明白了一切都取决于自己，我们就应该问问自己，该怎样做才能有意识地运用这种认识。

——米尔顿·H. 艾瑞克森

许多人都对放松有着一种无意识的恐惧。在他们看来，放松无异于无聊、无趣、冷漠、懒散以及没出息。但实际情况正相反，一个能获得放松的人是专注而有魅力的，可以毫不费力地吸引别人的注意（或称为关注的焦点）。也有一些人正相反，他们肤浅、浮躁，像上紧的发条一般，被内心的躁动所驱使。他们的表现欲只会让他们越来越庸碌，声音又尖又细，目光躁动不安，眼睛因紧张而眨个不停。而且由于他们自身没有深度，与人交往也就只能流于表面。您很容易就能认出这些人来：他们总想给别人提出建议或帮助。那些无论何时何地似乎都对一切了如指掌的人，其实无意中在说：“留心看着我有多伟大，而你有多渺小。所以我会给你一些忠告。”但那些真正信任别人的人就会知道，尽管别人说得都没错，但自己所需要的，只是有勇气去走自己的路。我们应该做的，是提醒别人去解放自己，而不是被我们所束缚。

只有保持心灵自由、头脑开明，我们才有可能灵光一闪。人越多地处于α波状态，他就能越好地记录下来自内外的信息。相反，一个思想顽固的人只会像拉磨的驴一样，自己原地兜圈子，却意识不到实际发生了什么，因此也就不能目标明确地前进。这种β波状态下的人紧张得仿佛在痉挛，通常会选择用更加刻苦的工作来补救这种错误。但他越是去加快速度、绷紧神经，他的思想和行为越会变得更加漫无目的。

顽固会导致多疑，它总是和浮躁、恐惧相伴。

早在孩童时期，大人们就会要求我们不犯错误，但犯错却是发展和成功的必经之路，所以我们应该抛开对犯错的恐惧。《圣经》中也有提到，即使是圣人，一天也会犯七次错。这就告诉我们，即使是最优秀、最杰出的人也难免犯错，无论他处于成长中的哪个阶段。

越是紧张不安，您比别人犯的错就会越多。宁静、平和、放松的人会用智慧和冷静来处理事情。身处过度刺激环境中的您，应该像狂风暴雨中的山间湖泊。水流从山间磅礴奔涌而下，裹挟撕扯着石块泥土。在迅猛的流动中，水流变得越来越混浊肮脏、暗淡无光。这股泛着泡沫的水最终会汇入宁静的湖泊，并慢慢平息下来，杂质和污染物会渐渐沉到湖底，水流会开始恢复平静，湖水将再次变得清澈见底。

在α波状态下接受训练的人也是如此，一切细枝末节都会沉淀下来，意识和潜意识会再次恢复清醒灵透。α波状态下的人可以从容不迫地专注于自己真正的使命。因此我们可以说，α波状态下的训练是一个净化的过程。α波状态的人可以更好地胜任其人生使命，因为他会定期强化自己的内心世界。

让自己变得有文化才是最重要的文化。文化就是对心灵的广泛教育。人们可以通过三个方面的努力来获得：知识、行为和内化。其目标是要实现自己人格的协调发展，树立由环境决定的使命感。但我们的日常生活不会总为我们提供这三重和谐与均衡，因此我们必须时不时地摆脱顽固僵化的状态，以便将所有力量，精神、身体、灵魂的力量，重新融于一体。我们都知道，一种行为要想更好地发挥其预期作用，就应该更早、更充分地做好思想准备。因此，一个人要想走出生活中的阴霾，就必须有镇定的心理状态，它会一再促使人在思考问题时站得更高。完成一项任务首先在于，要尽可能地将自己从所有棘手的问题中解放出来；否则我们的力量就会涣散，成功也就遥遥无期。

α波状态下的人之所以与众不同，是因为他们懂得，如何不断补充、储蓄并集结自己的精力。因此他也就能挺过那些艰难的甚至是极其糟糕的情况，这便是他所能发挥的核心优势。

练出专注力

在您大声说出下面的暗示之前，请您练习把目光沉静地固定在某个特定的点上。沉静的目光会引发沉静的思考。一旦开始深呼吸，您就会从强烈波动的β波状态进入α波状态。此时再用轻柔的声音说出下面的自我暗示，同时眼睛要继续盯在那个点上：

“成为你在现实中的样子。——不要让自己像一团旋风一样来回乱卷。——巩固内心的安宁，停泊在自己内心的港湾。对自己的加工既是乐趣也是义务！”

“——不要因任何事、任何人失去自己的平衡和重心。——安宁和耐心是通向幸福和成功的指南。——对命运的掌控需要专注，专注，再专注。”

现在请您闭上双眼，深深呼吸，缓慢而深深地吸气。屏住气，双手握拳，绷紧全身肌肉坚持15到20秒，保持这种紧张状态，呼气时放松。

那么我们该如何释放压力、战胜阻力呢？这种释放不是唾手可得的，我们想要实现的一切，都需要以不懈的努力为前提。请您现在就开始吧，不要只是对接下来的暗示表示赞同，要把它们记下来。

这个练习会激发您的意志力。您会惊讶于自己竟然可以如此沉静而专注地投入工作。尽量每天重复2~3次这种练习，即使是在您觉得不必要的日子。怠慢和没有原则就是退步。学会一个自我暗示并不断让自己说出它的过程，就是一种专注的自我约束。既然我们的最高目标是个性的发展，那么只有当一个人始终照着这种理想状态成长时，他才会在平静中与自己相处、生活。

正确规划时间

拥有了合理安排每天工作的能力，生活中的一切都会像儿童游戏那样简单。

——约翰·沃尔夫冈·冯·歌德

总有一些人不懂得该如何处理自己的金钱，但更多的人不知道该如何处理自己的时间。不会理财的人，就算收入颇丰，也还是个可怜的穷人。而不会正确规划时间的人，不仅虚掷了光阴，而且大多都是不可靠、不准时的人，总说自己没时间，陷在浮躁中，身心永远承受着巨大压力，也因此深感内疚。他首先会在灵魂上患病，继而扩散到身体上。他会毁掉自己，常常也毁了自己周围的世界。不会规划时间的人，始终生活在痛苦中。

使用个人认知力这一显微镜来观察，您会发现失败和疾病的主要诱因之一便是规划时间的方法不正确。和其他人比较一下，客观来看，你们似乎不是机会均等的。但在每一个具体的问题上，我们所有人都有着同样的前提条件。我们中的每个人的每一天都只有24小时，但所有人对这24小时的规划却是不同的。时间如逝水，有的人放任时间白白流逝，而有的人会利用这水流的推动力来有所建树。

有天中午，大概12：40，有个记者从写字桌边站起身，去自动售货机上给自己买咖啡。在走廊的大钟表下面，坐着三个同事在玩斯卡特牌。在回到写字桌的途中，他问那几个同事："你们在干什么？""消磨时间呗，13：00再开工。"——这就是回答。记者回到自己的座位上，开始写一篇文章。我们会深深记住这篇文章："消磨自己时间的人，也会消磨掉自己的机会。"

这个故事会激励您珍惜时间。

一个人怎样度过自己的一天、怎样生活，或者反过来说，他是怎样被驱使、被约束着，决定的不仅仅是他的一天，而是他整个的人生。

在人的一生中，没有哪一天是微不足道、毫无意义或无关紧要的。每一天都充满了发展的力量，都是极其重要的。每一天都是我们人生的基本组成。而每个人都有巨大的机会去实现他至今尚未实现的一切。我们可以成小时、成月地思考我们的过去，我们可以为之流泪，但是我们无法改变过去。我们所能够塑造和改变的，是我们的今天，更重要的是我们的明天。只要我们还有一口气，就可以发挥出创造性的作用，就可以改变自己的世界。

没有哪个导演会突发奇想，不进行计划和彩排就把一个剧本搬上舞台。然而有许多人的生活就像是一场持续不断的即兴戏剧。人类拥有着创造力，能够进行创造性的活动。发展不同于维持，只考虑维持现状的人，就会阻碍自己的发展。清醒的生活总是从自我意识开始的，随之而来的是自我管理。幸福而充实的未来只能植根于这种内在的条理性。

每天早晨，我们都会祝愿遇到的人们有一个美好的早晨和美好的一天。但要把新的一天过得美好起来，我们自己实际做到的有多少呢？总说没有时间的人，基本都是不确定自己想要什么的人。当然，也有的人超负荷了，事务繁多。但这不正是我们开始重新规划、尝试自我管理，以摆脱这样局面的最佳时机吗？

一周工作分组

有计划地思考是从纸笔开始的。您不能仅仅停留在分析思考上，而必须看到您自己的想法。因此请您写出下周所有的任务，先不要排序。检查一遍这张清单，您就会发现并不是所有的事情都同等紧迫和重要。现在把您一周的所有工作分别归入A、B、C三个任务组：

· A类任务是极其紧迫和重要的，必须立即完成；

· B类任务很重要，但并不紧迫，可以稍后完成；

· C类任务是可以交给他人或者暂时搁置的，它们通常都不重要，而且只是看起来有些紧迫。

一旦将这种方法变成了习惯，您就会从本质上更好地分配时间，更重要的是，您能清楚地看到各个任务的轻重缓急。只要您想抽出时间，您就会有时间的。对于那些对个人来说重要的事，人们总是能挤出时间。您肯定也认识一些这样的人，他们每次都说“我没时间”，并且总是匆匆忙忙的。既然他们总是这么风风火火的，想来在生活中他们肯定会更快地有所进展。然而过两年再遇到他们时，他们匆忙依旧，只是毫无进展。他们总是陷在特别忙碌的状态中无法自拔。

我认识许多总说没有时间的人，突然间当他们心有所属，则会在所爱之事上花费大量的时间。但他们根本不认为，自己现在拥有的时间比以前多了多少。此处并不特指爱上一个人或有了一个爱好，也可以是一本书或一个吸引人的新任务。有时间去做最重要的事情，其前提是，人们知道什么对于自己才是最重要的！否则，我们宝贵的时间就会被无关紧要和微不足道的事情蚕食掉。这对您个人来说具体意味着什么呢？请在一个安静的时刻问问自己："对于我的人生、我的未来、我的计划来说，什么才是最重要的？"我再次重复一句重要的话：

没有时间的人，不确定自己想要什么。

如果一个人认为网球很重要，那么他通常会为此找到时间的。如果一个人认为高尔夫球很重要，那么就算工作繁忙，人们也会在高尔夫球场上见到他的身影。如果一个人认为演讲与口才很重要，那么他就会找到时间去参加研讨课。所以请不断地问自己："我想要取得什么成就？"只有能够对此给出具体答案时，您才能问自己下一个问题："为了达到这一目标，有哪些人和信息会对我有所帮助？"

人生真正重大的成功，从来不依靠于日常生活中成千上万件小事情的完成，而总是取决于特别的事。而特别的事和独一无二的事，都是强大专注力的结果。上百个小小的C类任务会吞噬我们的干劲。您的时间安排应该置于这样的标题下："全神贯注于最重要的事”。

为了揭示成功的原因，请您将成功抽象地想象为100%的结果，把您的日程安排也想象为100%。许多分析研究都发现了一个有趣的结论，即100%的成功通常只是由20%的时间、精力和智力支撑的。我们剩下的80%的时间都贡献给了C类任务。也许您现在就理解了我们的命题“事半功倍”这个词的真正含义。10分钟全神贯注的规划会让您每天最多节约两个小时的时间。这种认识的效果是立竿见影的。

100%的成功，只需20%的专注力

您的实际情况是怎样的？最好您属于那些在前一晚就规划好新的一天的人。也就是说新的一天其实从前一晚就开始了。首先您要写出第二天所有要完成的事情，其次把这些工作按照时间顺序归类，最后将您的具体计划转誊到您的时间表上。您一定要明白，时间表就是您看得见的潜意识。当您把日程安排以书面形式誊写下来时，您也就自动地把自己的目标转达给了潜意识。您会一个字一个字地把它们写进潜意识。现在就到了决定性的时刻：您要向自己提出这个问题：“明天有哪些事对我自己以及我的未来是最重要的？哪些是我明天的A类任务？”把这些A类任务用红笔画出来，您就会发现，虽然每天都有许许多多的任务，但只有一件、最多两件，是属于A类任务的。在这个过程中请始终想着那个结论：要获得100%的成功，只需要20%的专注力。

“让时间从手中溜走的人，也会让人生从手中溜走。”

——维克多·雨果

为什么在实际生活中那么多其他的规划方法都不管用呢？很简单，只因为规划者为一天安排了太多的事情。因为1小时不可能多于60分钟，这样他每晚的收获都是挫败感。而我所推荐的这种方法每晚都会带来成功的经历，其前提是，您要在前一晚集中规划第二天的事情。您也知道，在一天的过程中会遇到许多新事情，这些新情况有可能破坏哪怕是最完美的计划。但每天的重点，即红笔画出的那些事，无论您遇到多少突发事件，也应该将它完成。每个这样的决定性事件，就是您一天天走向成功的阶梯。从结果来看，实际上这就是每天都在前进。

如果每天能记下1次大的成功，一周下来就有了7次成功，一个月就有了30次，而一年就有了365次。这样您就能意识到，每天自己距离目标的实现又近了一步，一种积极的自身活力就这样慢慢发展起来了。

让我们再回到实践上来。除了某个用红笔画出来的重要任务外，您还为接下来的一天计划了十个其他的任务。但是因为其他事情的干扰和一些占用了一定时间的事情，这一天中您大概只能完成其中的六件。剩余的四件未完之事怎么办呢？要么就用搁置不管来解决，也就是说它们原本就是不必要的；要么还有另一种可能性——把它们归入第二天的A类任务中去。然而许多人都是按照这样的准则行事的：周密计划不如随心所欲。您应该立即摒弃这样的想法，专心致志于最重要的事——这才是您成功的法则。

这份时间表除了对您的日程给出了实用的说明，同时它还能增强您的时间意识。安娜·斯坦华特对此曾有最清楚的表述："我们错误地规划自己的一天，就好像我们有着永恒的时间。"如果我们抽不出时间来观察了解或逗留思考，那么我们就荒废了生活。实际上我们却把一切事情都推给明天、明年、以后，就好像我们拥有取之不竭的时间。

请牢记下面的几个决心，不仅仅是在接下来的两个月内：

1. 我会意识到时间的易逝，珍惜时间，把握生活；

2. 我会坚持向着一个目标努力；

3. 我会为工作编排先后次序；

4. 我会积极地监督自己。

正确地——也就是说成功地——度过一天，即24小时，是生活艺术的开端。对此您不要忘记，对成功积极的追求只不过是幸福生活的一页罢了。工作与休闲并不是对立的，它们应该构成一个整体，协调地相互回响。一小时只有60分钟，而在这60分钟内，我们应该至少有一次用友好的话语让他人心情舒畅。我想用泰戈尔的一句话来为这个贡献作出总结：

"我工作时，上帝敬我；我歌唱时，上帝爱我。"

接受失败

失败也是一种成功。

——日本谚语

当我在几年前读到上面这句谚语时，我根本不理解它所包含的智慧。成功就是功——成，也就是一系列行为的结果。而失败是一种“反面的成功”，是挫败。在所有的成功学著作中，您都可以找到许多关于成功及其原因的章节，但很少有关于失败的描述。您是否有过这样的疑问：这些书为什么对失败避而不谈呢？

积极的人生观不会要求您去粉饰现实，无视甚至抑制阴暗面。相反，有光明的地方就会有阴暗。如果没有消极的事物，我们就无须专注于积极的事物，一切也都是老样子，不会再有进步和发展。适用于普遍意义上的生活的，当然也适用于个人。人类的优势必然与其劣势互为前提。此处的积极思维当然也不意味着要掩饰或抑制错误和劣势。

有的人耗费了绝大部分精力来润饰自己的弱点、错误和失败，这些人怀着多么大的恐惧啊。那些不愿承认错误的人，始终想获得承认的人，那些在内心深处一直被“别人会怎么看待我”的恐惧所驱使的人，很快就会耗尽自己的气力。那些在别人面前充完美、维护自己脸面的努力，是注定要失败的。这里的保持积极是指，培养辨别消极同时变消极为积极的能力，即变不利为有利。

对圆满的渴望让许多人错误地去追求万无一失的幸福。他们贪婪地掠取所有承诺给他们圆满的建议，而这些充满了撒旦蛊惑的建议在引诱着他们：“**你们会像上帝一样，不再有所依恃，而可以独立地凌驾于生活之上，制定自己的法则。**”而跟随这些预言者只会走上歧途！深陷于自卑情结中的人，会紧紧抱住不容任何事物稍有差池的念头不放。这些人想要成为的是统治者，不必去考虑别人，因为他期待着所有人都来考虑他的意愿，他想要的是更多，是无限和全能。

“人类是一种生成者——所有人都想是什么，却没有人想成什么。”

——约翰·沃尔夫冈·冯·歌德

世界及其机遇和前景是值得我们信赖的，它是我们的工作场所。因此，按照其本来面目去认识问题，并试着将它们转化为某种优势，就是一件了不起的任务了。

我们所有人都想通过成功力求不凡，去实现某种可能性。我们也都知道，这个世界上没有完美和圆满。世事万千，并非除了大获全胜就是一败涂地。根据多数原则，正确的比例关系应该是10：6：4，也就是说在10次努力中，会有4次失败。就算做好了忍受4次失败的准备，我们也只能获得6次成功。

既然不存在圆满之事，我们就知道，即使是最成功的人也会有失败，所以我们应该允许自己失败，而不要因此变得神经紧张，因为我们的目标并不是做一个“成功神经过敏者”。如果能对失败有积极的态度，那么您和他人的生活都会平静很多。希腊生活学者伊壁鸠鲁认为，生活的乐趣必须与自然法则相协调。如果您去读一些真正伟大人物的传记，您就会了解到，他们战胜了多少阻力和挫折，他们常常是离失败只有一步之遥。但是让他们坚持下来并最终获得成功的，主要是对自己目标的信念和热爱。

我想，没有任何理由表明我们的生活可以是另一副模样。这种对错误、弱点和失败的恐惧感会导致傲慢自大、不容争辩或者消极的基本态度。这种态度会让人畏缩不前，正如下面这条忠告中所说的：**“一无所作，便会万无一失。”**

傲慢自大会让人变得难以结交，最坏的情况会使人孤立起来。而消极的基本态度会让人要么甘愿被驱使，要么无奈地被他人或被某种趋势左右。

对于错误和失败的恐惧会引起那些我们已描述过的不良后果，而这一节会帮助您摆脱这些恐惧。它会帮助您更自由、更坚定地走向未来。对此我们所需要的，是强大的自信心，是植根于自身的自我意识，只有这样我们才能拥有接受真相的力量。人类是不完美的，也永远不会变得完美。人可以继续发展，可以变得更优秀，可以完成许多事，可以获得大的成就；但是他不可能从不犯错，不可能像上帝一样。

既然人类不可能在所有的一切中都获得绝对的成功，我们就必须学会正确对待失败。我们应该去追求可能之事，而不是那些不可能的、超越人类极限的事情。

值得羞耻的从不是失败本身，而是对于失败的恐惧。

由自信心所支撑的失败也会是一次胜利！也许您正是按照这样的座右铭生活的：跌倒并不可耻，躺着不动才是可鄙的。如果我们以积极的态度对待失败，我们就会懂得：“幸运是我们的母亲，而不幸是我们的老师。”挫折是测试我们对某物的意愿是否真心、是否强烈的试金石。如果有人因遭遇挫折而失去信心，那么他就是承认了，他并不是真正地热爱自己的目标。

挫折会坚定我们的意愿，约束我们的性格，增强我们的能力。软弱的人会被挫折摧毁，而强大的人则会借它成长。所以我们的自我意识必须强大到能够让我们保持向着成功成长的能力。在我们审视生活、思考生活意义的时候，有一条相同的法则是随处可见的：适用于动植物的，同样适用于人类。所有的生命体都必须一再或一直克服阻力，战胜困难。

但是按照本来面目接受自己为什么会如此困难呢？您知道这个复杂的问题的答案吗？您怎样对待批评？您可以忍受非议吗？也许您已经足够自信，在看着自我认知的镜子。

从失败中学习

请您抽出时间——最好是现在——写出五个您最大的错误，不要长时间地思考。您要有勇气通过书写来坦白自己，而不是逃避。

为了使内心变得更强大、更坚忍，我现在向您推荐一种更进一步的训练任务：请您在安静的时刻写下自己最大的错误和最大的失败。通过书写，您会更加清晰地认识到，在过去一年中您学到了什么，又变得多么强大。

相当重要的是：您是否准备好了告别失败？成熟的人会对此做好准备，他明白，一切总会继续。他不会因一次失败而在精神上被毁掉。我们必须明白，失败并不意味着到了终点，而只不过是一次中途逗留。一旦接受了这一点，就算从失利中我们也能获得胜利。顶级的运动员向我们证明了，人们会在失败中成长，而毅力是我们的优势。没有勇气面对错误的人，很少能成为强者。

如果您已经明白了上面的话，请您仔仔细细阅读下面这段话，同时用心思考。

从前有两个修士，他们在寻找通向幸福的道路。在一本他们共同诵读的古老的书中，他们找到了这样的说法："在世界的尽头有这样一个地方，那里天与地相接，幸福就住在那里。"于是他们决定去寻找这个地方，不找到就绝不回头。他们走遍了世界，遇到了数不清的危险，遭受了游历世界所能遇到的所有困境，经受住了动摇他们目标的一切诱惑的考验。——这时出现了一道门，他们在上面读到，人只需要敲一敲，就会找到幸福。终于，他们找到了苦苦寻找的东西。他们敲了敲门，带着颤抖的心情看着门缓缓打开，而当他们走进去时，发现自己正站在家里的一间修士房中。于是他们明白了：那个天地相接的所在，就在此世之中，在上帝指派给自己的地方。

恐惧是生活的一部分

恐惧之人在未死之前已死过上百次。

——威廉·莎士比亚

恐惧是生活的一部分。每个生命对恐惧都不陌生，正是它让我们维持着生的状态。也许对有的人来说，这听上去像是矛盾的。这些人承受着各种恐惧，在噩梦中艰难生存，被生活的恐惧所驱使以致自杀。假如羚羊不害怕狮群，那它们早就灭绝了。嗅到危险的信号时，兽群会感到恐惧，这是自然而然的，维持生命的本能是从恐惧中诞生的。如果人类不惧怕死亡，那么每天都会有上百万的人面带喜色地从高楼上跳下，或者无所顾忌地跑着横穿马路，或者至少总是游移在严重的生命危险中。求生的本能以及对死的恐惧，保证了我们总在保护自己免过一死。因此，只要恐惧发挥着保护他人与自我保护的作用，它就是有意义的。

但是也有另一种形式的恐惧，它不仅与（自我）保护没什么关系，反而是具有毁灭性作用的：那便是生活恐惧。弗洛伊德将其解释为死亡本能，而许多心理学家对这一现象是否真的是一种本能仍表示怀疑。**“绝望之人与精神错乱者，”**弗里德里希·哈克在研究向往死亡这一课题时这样写道，**“对自己的生命无所牵挂，就会去寻找并找到他们所能实施与制造的大事；因此一切惊世骇俗的想法与念头，对于精神病患者和亡命之徒来说，就具有了不可抗拒的吸引力。”**

没有什么比恐惧更能妨碍和阻挡一个人个性的发展和完善了，再没有什么能比恐惧更能让人陷入不幸至极的境地了。单单恐惧自身就能阻碍我们的幸福与发展。有的人从来没有意识到自己的恐惧，他们也就不知道自己害怕什么；相反，他们会开发出一种包裹自己恐惧与胆怯的技能。他们更倾向于说“气馁”，然而这实际上就是恐惧。或者他们也会假装善于处世，尽管人们会发现，就是恐惧让他们退缩不前。很多人在几年前就陷入了这样的境地，因为每当他们想到可能发生的改变时，额头上就会沁出恐惧的汗珠。

我的课程中有一项标准练习，就是整理复习材料，它是对所听到内容的重复。有一次我要求一个学员在第二天上午朗读复习材料。他以一段简短的讲话开始：“您给我带来了我生命中最黑暗的一个夜晚。我整晚没有合眼，改写了三遍复习材料，那就像在汗水中洗了个澡。我从来没有意识到，自己会陷入完全的恐慌中。这一晚的经历一定会给我力量来克服恐惧和顾虑，战胜我的胆怯。”

所有的新事物都会让人恐惧——它可能会，但不是一定会。压抑恐惧情绪或者试图用理智来掩盖恐惧的人，永远不会摆脱它。相反，恐惧的感觉会随着年龄的增长而越来越强烈、越来越让人无所适从。恐惧会在所有的生活领域中产生消极后果：在职场上、在个人小圈子里、在爱情中、在学校里、在出行时——简言之，在一切生活空间里。如果要列出人类所有的恐惧，人们就可以写一本书了。但是如果把恐惧归结到其本质核心上去，其实只有三类：

1. 对未来的恐惧；
2. 对不治之症的恐惧；
3. 对孤独的恐惧。

在详细解释这三类基本恐惧之前，我还想再次简短地指出恐惧的消极暗示力量。您已经读到了约伯的自白：“**我所恐惧的会迎我而来。**”而从路德那里我们知道了这样的格言：“**相信地狱者，必入之。**”想要赢得生活的人，必先获得灵魂自由，而恐惧会带来束缚。

排在第一位的是对未来的恐惧。没错，我们生活在一个危险日有所增的世界中——同样日有所增的还有机遇。充满恐惧的人就像发呆的兔子，愣愣地瞪着危险，无处可逃又无法忽视。我常常会惊恐地发现，当今的年轻人竟然也会如此不知所措，他们的恐惧已经强烈到成为横亘在发展前的封锁线。恐惧和胆怯是同根同源的兄弟。有一句简要的话阐释了这一点：

胆小鬼都是没有计划的，凭这一点人们就可以辨认出他们。他们的生活信条是"一无所作，便万无一失"。

一个人越是具体地去构建、计划自己的人生，制定自己的目标，他的恐惧就会越少，而信心就会越大。

隐藏在对于不治之症恐惧背后的是对死亡的意识。畏惧死亡是自然而然的，没有人知道什么在接近自己。尽管今天人类的平均年龄比罗马时代翻了一倍，但与此同时，人们的恐惧似乎也翻了一倍。软弱而易受影响的人类趋向害怕疾病，他们个人对于自己的健康、活力、生活乐趣所做得越少，消极期待就会越强烈。现代工业社会的人均寿命大约是75岁，不出意外以后甚至可以超过90岁。如果现在有个30岁的人因为害怕死亡而睡不着觉，那他过得显然并不幸福和满足。我们当然有可能因为疾病或意外事故而英年早逝，但是用清醒的生活方式去避免风险，显然比每天担心死亡降临并因此丧失了今后数十年的生活乐趣要有意义得多。

如今我们知道，有大约80%的疾病是由心理因素引起的。因此，如果愿意，我们是可以对意外到来的疾病施加强烈的积极影响的。去享受生活吧，不要再担惊受怕。只要不去想生病，疾病自然也不会来找您。

恐惧就是精神仓库的裂口。恐惧会吞噬我们的精力、能量、意愿、目标、希望和心愿。恐惧会毁掉我们的现在和未来。恐惧是生活在我们心中的魔鬼。

心怀恐惧的人无法集中精力，而专注力是积极进取的人们最重要的能力。因为只有全神贯注于某物或某事，他才能借助潜意识去实现目标。人的潜意识要想发挥作用，就需要有清晰的目标概念。我们越是能清醒地全神贯注于自己的目标，潜意识的力量和能力就越能有效地发挥出来。我们所专注的每个想法、每个想象的画面，都会被第一个层次的清醒意识吸收。而在专注力的第二个层次，它们会向下进入潜意识，并在那里与相似的想法、情绪相联结，由此就生发出了争取实现的努力。接下来，在第三个层次，我们坚定的信念就会在身心的双重领域发挥出积极的沟通作用。也就是说，每个想法都能发展出成为现实的趋势。

专注和重复让我们的目标图景变得越清晰，这种创造性的趋势就越强烈。积极思维一方面会作用于我们内心的情绪状态，并由此生发、作用于我们的交感神经、腺体组织、细胞和器官；另一方面，我们的思维和感受会在周围激发与之相协调的共鸣和反应。

只有极少数人认同路德对于未来的理念：即使知道明天世界就要毁灭，今天也要种下一棵苹果树苗。对世界末日的恐惧不会阻止它的到来，而对生命的信念却会赠予我们一个美好充实的日子——即使这将是我们生命中最后的一天。

您肯定听说过一些关于患有不治之症的人的故事，他们在知道自己即将不久于人世时，才找到了自己生命的意义。他们可能会去写作，并以此来学着对抗自己的恐惧。也有的人会去拍一部电影，或者周游世界。但他们都有一个共同点：他们实现了一个梦想，完成了一件一直认为不可能做到或至少没有去尝试过的事情——结果成了战胜恐惧的胜利者。生活中有许多这类人的故事，他们只有面对死亡才给了生活深刻的意义。也有一些人甚至用完全改变了的、新的积极的人生观战胜了疾病。恐惧做不到这些，因为它只会妨碍我们个人的完善，使我们丧失活力。

无所畏惧就意味着生。

报纸也常有关于婴幼儿坠楼结果最多只受了轻微擦伤的报道。人们经常会说，这是有天使在守护或者是个奇迹。为什么对于成人来说必死无疑的高度，孩子坠下却会安然无恙呢？孩子们不识危险——因而也就无所畏惧。他们不会在跌落前绷紧肌肉，而身体会本能地作出正确的反应。弱小的身体会保护我们避免灾祸——这不只是少数人的身体能力，也证明了一些酗酒者和吸毒者的故事，他们摔倒或者从窗户跌落，却能毫发无损地活下来。因为在云里雾里的状态中，他们还没意识到危险，身体就已经做出了小孩子那样的反应。无所畏惧就意味着生！

“但是这对我来说有什么用呢？”——也许满怀恐惧的人现在要这么问了。恐惧当然不能像穿旧了的衣服那样打包扔掉，但是人们可以学着去克服恐惧。在把恐惧转化为优势之前，首先必须承认它们。几乎所有人在生命中都会经历某个超越了自己的时刻，一旦情况需要，任何人都可以激发出自己从未意识到的力量。这也说明了，从根本上来看，人是可以在紧急条件下比平时跑得更快的，其身体力量是可以得到强化的——这种现象在竞技体育中通过“思维训练”得到了应用。这说明，只要我们相信成功，我们就无所不能。不可能的事也会变得可能，一切只是规划的问题。

怎样才能战胜恐惧呢？有许多例子都表明了，意愿的力量可以超越肉体和精神的局限。进行思维训练的一流运动员会说到他们因此获得了专注力、身体状态、力量和体能的提升。体育上的成功取决于思维训练，这虽然是一种无懈可击的证明，却并不是最具有说服力的。我们潜意识神秘力量的最佳明证是踩火——赤着脚踏在火红的炭上——却毫发无损！踩火让物理法则失效了吗？

有一些瑜伽修行者可以使自己被活埋几天之久而不死，原因就是他们会尽可能地用自我暗示来减少身体机能，让自己陷入类似昏迷的状态，这可以让他们在几乎没有氧气和完全没有吃喝的状态下活下来——这对一个普通人来说是必死无疑的。人们也会经常听说，被埋在地震、矿难或雪崩之下的人，在几天甚至几周后生还——尽管搜救行动通常已经停止了——因为按照人类的标准来看，此时再找到幸存者已经是不可能的了。超越极限——这类极端情况总会一再地发生。对于那些超越了自己极限的人来说，这一经历大多都意味着一个重大转折：他们会明白，原来自己能做到的事，比一直以来认为的要多得多。他们战胜了自己的恐惧，从现在起可以毫无保留地相信自己了。

从这个意义上说，每个人都应该至少经历一次自我极限的超越，以便找到无畏而幸福的生活的基础。在我们“成功之路”的课程中，我们会从这个观点出发，来实践踩火——一种不公正地承受着骗人伎俩名声的艺术。科学家提供了热心的证明，表示人在火红的炭上行走，身体之所以完全不会被烫出水泡，是因为表面温度其实相对很低。被烧红的炭烫到过脚的人会更了解这一点。在《圣经》中，踩火就曾被赞为精神净化的一种形式，它的由来几乎和人类想要战胜火焰的古老梦想一样久远。仅仅依靠信念的力量，精神就能战胜身体机能。由此人会获得一次“独一无二、印象深刻的体验”，一种抛开恐惧和担忧的陶醉感，以及对自己意料之外的能力和力量全新而深刻的信念。赤脚踏上温度高达900℃的炭，每个人都会调动想象力让物理法则失去作用。精神有了超越物质的力量，这是一种可以战胜一切的意念！安然无恙地走过火红的炭的人会明白，自己无所不能，只要相信：“我能做到想做之事！”

踩火为什么不会引起烧伤呢？为什么脚底甚至不会被烫出水泡呢？踩火是需要想象力的——意念的力量。在踏上去之前要去想象，自己将踏上的是冰凉、新鲜的苔藓。这一想象要深深扎根于潜意识中，直到人相信自己真的能看到并嗅到苔藓。伴随着积极的暗示，如“我的双脚安然无恙”，我们的神经系统就会受到影响。无论是身体还是精神上都不会感受到疼痛和高温，它们被完全地“关掉了”。无须药物或其他辅助手段，大脑会在精神上重新自动调节，把关于火的消极体验最终变为积极的。在柯尼施泰因进行的踩火练习中，所有参与实验者都拉起双手，用“你能做到”的暗示来互相传递力量和勇气。一起跑过炭也就由此永远成了一种崇高的集体精神：“我们做到了，每个人都为了自己去做，而所有人手拉手完成了。”

由踩火而获得的体验表明，通过想象力和自我暗示，人可以不受限制地完成许多事，可以跨越外部的局限。“我能做到想做之事”这一原则也会真正从实际上转化为每个人的切身体验。精神有着超越肉体的力量，可以激发无限的力量与能量。踩火清楚地证明了，思维训练的基本方法是可行的，还从没有哪个参与者把脚烧伤过。更加具有说服力的是，有人在踩火成功后，在毫无准备、缺乏必要想象的情况下碰到了一块烧红的炭，脚马上就被烫出了水泡。

事实可能是这样的：观众根本无法直接靠近火焰，因为那高温几乎无法忍受，而踩火者自己却觉得是踩在冰凉的苔藓上。这同时也说明了，要实现这一过程需要高度的放松和专注。在“正常状态”——β状态下——踩火是疼痛难忍的！参与者在实验过程中并不是处于催眠状态，他们只是更多地处于α状态，即高度放松的同时又高度专注的状态。

通过思维训练，每个人都可以进入放松的α状态，超越自我。坚持进行思维训练的运动员，面临大的体育赛事会自动进入α状态，然后超越自己体能上的极限。对于这种现象，至今还没有明确的科学解释。

一次成功的踩火——这需要准备充分才能实现——对于每个人来说都是一次令人兴奋的经历。现在人们会相信，信念的力量可以实现不可能的事，而充分相信自己的人会勇敢地把生活掌握在自己手中。踩火有一种“净化”作用：恐惧和自我怀疑会被抛开，而自信会得到增强；勇气会从恐惧中诞生。相信这一点的人，就会将这种对于自己下意识力量的知识应用于追求个人的生活目标。因为想要在生活中前进的人，就不能保持原地不动——即使是被烧红的炭或者其他随便什么障碍阻挡。

战胜恐惧是生活成功的基石。您的生活也是如此。

第四章
你是最美的生活

用赞赏代替批评

友谊是第一条处事准则，它会为我们免除一部分痛苦。

——毛奇伯爵

为什么与人交往会这么困难呢？我总是在思考这个问题。答案当然有许多，但是我还没发现有哪个可以解释一切。然而我可以确定的是，与人交往在每个人的生活中有多么重要。我也知道，如果与人交往不慎，会产生怎样的不幸、不睦、伤痛，走上怎样的歧途。

正确与人交往的艺术实际上真的是一门艺术；因为所有的哲学家都曾对这个宏大的主题有过研究，传授了自身的经验，给出了相应的建议。到今天为止最著名也最富有意义的是阿道夫·弗莱尔·冯·克尼格——一位和歌德同时代的作家——的作品《如何与人交往》。书中的一些标题告诉我们，当时的一些问题直到现在仍然没有改变：

· 为什么世界上有的人品质伟大而卓越，但并不幸福

· 不要去揭别人的短

· 与不同性情、脾气、心绪的人打交道

· 与世界上的伟人交往

· 与愚蠢的人打交道要加倍谨慎

与他人交往的一个基本问题是，我们都在泛泛地且无意识地生活，这就是说我们既不了解自己，也不认识他人。换句话说，我们已经对自己习惯了，并不知道什么时候做得对、什么时候做错了或者产生了不好的影响。有教养的人会对生活的各个方面都感兴趣，唯独似乎对自己怀有恐惧，只有极少数人喜欢在磁带、录像或电话自动答录机中听到自己的声音。

既然有许多人都不了解自己的行为，大多数人对其行为给他人带来的影响也就不得而知了。他们对积极和消极的影响都一无所知，因此也就只能一直凭感觉行事。然而我们在生活中成功与否，总是与我们对他人的影响密不可分。如果我们想让和别人的交往发挥积极作用，那么认识到自己的个人魅力就是十分必要的。因为只有认识到自己个人魅力的人，才能使之变得高贵，并且有意识、有针对性地去利用它。

由于没有人能看得到我们的脑细胞，人们就会通过我们的肢体行为来理解我们，我们的身体能够并且应该清楚地显示和表达我们的情感。这样您也许就明白了，对于情感的压抑有多么错误，而错误的自我克制又会产生多么不良的后果。因此，我们不仅要感知自己的情绪，还应该通过双手、目光，以及我们走向别人并和他们交谈的方式去表达自己积极的情绪。只有我们对自己说了“是”，别人才有可能对我们说“是”。只有这样我们才能被他人了解并认可。

积极的人不只是会积极地思考，更会积极地说、积极地表达。他从不会提及他所担心的事情，而总在谈论他所希望发生的事。

我们的愿望应该成为真正的愿望——由此成为对他人协助的请求，但不是命令或指示。所以请不要发牢骚或指责什么，而要学会正面表达您的愿望；毕竟没有人会读心术。

每位母亲、领导或者配偶都知道，正面的激励会对别人产生怎样的效果。尽管如此，在所有人际交往层面中，批评还是比激励更常见。人们批评政治家、配偶、邻居、公司、子女、岳母、教师、警察、同事，甚至教会。人们想要有所改善——内心的本意是好的——因而进行批评，他们认为，这样可以有所改观。这甚至被称为正面的、建设性的批评，成了一种教育措施和引导方法，但却始终是：**批评**。

批评是一种评价和评论，它会清楚明了地区分他人与自己恰好对立的理念范畴，对于他人的理念，人们不能也不愿不假思索地予以接受。因此人们首先会批评对方，并且为了自我保护而驳斥对方。此时人们还会觉得自己的考虑是公正而理性的，因为达到了自己的目的，守住了自己神圣不可侵犯的理念世界的疆域。尽管如此，对于批评，人们也并不总是感觉良好的，尤其是当对方反驳回来，而自己因此看到，要么双方的对抗升级，要么就要接受完全异于己见的观点。而最终，人会恍然大悟，迅速明白过来，除了自己所认识的，还存在其他的现实可能性以及思考方法。于是对话会在友好、公开的气氛中展开，人们表明自己的观点，然后进行整合，最终作出可以兼顾各方的决定。这样的对话比相互间剑拔弩张的批评要更有促进作用。

人会出于怎样的动机进行批评呢？

- 出于忌妒
- 出于报复
- 出于恶意
- 为自己感到不平
- 为了激起更进一步的批评

· 出于无能

· 为了转移对自己劣势的注意力

· 为了引人注目

· 认为自己可以把一切做得更好

· 为了伤害别人

· 出于虚荣心

· 出于消极的心理状态

· 因为在那一刻忍无可忍

· 因为想转移对自己问题的注意力

· 出于对轰动事件的向往

· 出于骄傲

· 出于挑衅的情绪

……

这张单子虽然尚不完整，但是您已经可以看出，它充斥着各种负面的人格品质。批评其实始于个人的态度，以及观察和处理某事的方式、方法。如果我有一种积极、开放的正面态度，那么我在一开始会用中立的态度来看待每一条消息、信息和经验，然后试着让它符合我至今为止的观点。同时我会清晰地看到它们各自正面和负面的特征，于是就能从两个方面权衡比较；因为只有这样做，我才能得出新的结论。对那些和您对立的观点，先不要立即去反驳；您要坚持这样的原则：在表达自己之前，先去倾听、观察、理解一切。

批评常常是极其蛮横的。我们不过是凭着一孔之见就忙着去批评，还以为自己已经认识到了事情的全部。或者说，我们简单地、盲目地认为，自己的观点是唯一正确的。但人人都知道，自己是交替地生活在两种现实里的：白天清醒的意识世界与夜晚睡眠中或梦中的意识世界。也就是说，很显然存在着不止一种现实状态。

批评体现了狭隘。拥有广博的灵魂和开放的本性与内心的人，不会去批评，而会把一切新事物当作新的体验，兴致盎然地观察和思考。

但是既然有这么多批评的声音，说明人们还是想借此完成些什么的——否则他们就会什么都不做了。那么我们就来看看下面这张单子：通过批评，人们究竟获得了什么？

· 坏心情

· 糟糕的气氛

· 辩驳

· 长达几小时的徒劳无益的讨论或辩解

· 敌意

· 攻击性

- 自己越来越强烈的负面情绪，直到彻底倦怠
- 双方的精力耗损
- 丧失信心
- 深受打击
- 多疑
- 冷漠
- 反驳
- 对继续批评的恐惧
- 而最主要的是：与心之所向背道而驰

……

批评只会给我们自己带来负面后果，同时也会给他人以及双方之间的关系带来恶果。如果我们没有机会把自己最强烈的意愿和最好的主意告诉他人，并和他人友好交往的话，这些意愿和主意又有什么用处呢？那我们还在批评什么呢？除了上述的动机，这样的批评就只是愚蠢的表现了。因为您也知道，通过批评我们会得到什么。或者受到狭隘的驱使，人会因为无能而对他人妄加指责，对他人以及与他们在一起的生活不再怀有热爱之心。而失去了对他人、对事物、对生活的热爱，这是绝对不行的。

每个人至少都会有三个优点

在我们再次开口说出指责他人的话之前，请您迅速找出对方三点优秀的品质。只有当您找到了这些，您才可以对他进行指责。您会感到惊讶，从有的人身上找出三个优点竟然会如此困难——而在那之后您的批评会显得多么无聊；您当然不会怀疑，每个人至少都会有三个优点。如果您还没有找到，那么显然，您的注意力都放在了别的方面，即对方的缺点上。

请您关注一下那些真正的成功人士。除了专业素质，他们几乎都有着良好的人际交往能力。一个行家，如果和别人有沟通障碍，那么他就会被孤立起来。既然他的想法通常很难被人理解和采纳，他就会变成一个内向而激进的牢骚满腹的人。因此，您的对话应该经常以这样的句子开口："我很欣赏……"您会发现，您一说出这句话，别人脸上的阴云就会被阳光一扫而空。所有人和一切事物都是生存在关注之中的，经常独自待在房子里的狗也会发疯。像动物一样，植物的生长也需要阳光，我们人类也需要太阳的照耀，需要被关注。能打开人类心门的有效钥匙就在于此：认可与赞美。

赞美的艺术有许多积极作用：

· 赞美是您所能使用的与他人交往最有效的手段。

· 赞美他人的人，自己更容易成功。

·人人都需要承认、爱、赞同以及定期产生的新动力。任何人——无论他有多聪明——要超越自己，都需要得到赞美。

·赞美是一种会自己翻倍的积极有效的力量。

·对承认和赞同的渴望只能通过赞美来平息。

·赞美必须随时与地点和情境相符合。赞美会更新人对自己的信任。去赞美别人，您就会在人与人之间建立起更和谐的关系。

·您的赞美必须发自内心，再没有什么比虚情假意的赞美更糟糕的了。

·在和某人单独相处时赞美他，他就会成为你的朋友；在公开场合赞美他，他就会对您更加忠诚；向别人介绍他的才能，他就会向每个人推荐您，并面对所有人的非议替您说话。

赞美的才能需要以坚定而自信的人格为前提。因此，那些有自卑情结的人不能也不愿去赞美他人。他们一直生活在生怕自己有失体面的恐惧中。所以，请您去承认他人的成就、优点、长处，并公开地说出来。请思考，您经常以下面这些例子开始和他人的交谈吗：

·“我很欣赏这一点……”

·“您的工作做得真细致、真好……”

·“您的主意真是太棒了……”

·“行家就是行家……”

- “和往常一样，无可挑剔……”
- “这件事你做得真好……”
- “这件事完成得太漂亮了……”
- “您的工作做得越来越好了……”
- “没有人能这么快赶得上您……”

所有这些都是打开他人心扉的秘诀。然而人们所能做出的最美好也最简单的赞美就是“谢谢”这个简短的词。请您留意一下，那些人际交往的大师是怎样常将“谢谢”挂在嘴边的。在其他的国家，人们表示感谢的次数会比我们这里多得多。谢谢与微笑是魅力的支柱！个人失败的最主要原因就在于不知感恩。不知感恩的人，心中留不住幸福和快乐。留意一下您周围的人——看看他们都会些什么：他们会提出要求，他们会索取，他们会要求得到最好的，但他们就是不会说“谢谢”。有一些人通晓几国语言，但是唯独“谢谢”这个词被他们从自己的词库中划去了。因此，我希望下面的这些想法能够在您的潜意识中牢牢扎下根来：

- 感谢是对您周围的人最好的投资。
- 一句谢谢好过一件礼物。
- 心存感恩的人，就不会被人遗忘。
- 谢谢是一句讨人喜欢的赞美。
- 最彻底的认可是表示感谢。

· 真心实意的感谢是人性的伟大之处。

· 感谢是一种积极暗示。

· 通过感谢，您可以一再地感染您周围的人。

您会发现，与人交往并不困难，只不过是我们自己常常把生活变得不必要地艰难。因此，请您把自己和他人的生活变得简单起来吧！与人交往的艺术并不是与生俱来的，而是可以通过学习掌握的。您会成为正面激励的大师。

那么该怎么去做呢?

· 请注意一下，自己在一天中批评别人的次数有多少，它们是否属于“无害的”批评。

· 留心观察，您周围的人和媒体是怎样进行批评的——而您自己是简单地认同了他们的观点，还是总能清楚地注意到，这是一种批评。

· 在您想要再次展开自我批评时，请先问问自己，您想以此获得什么。

· 在您想要自我批评之前，请想出他人或情境的三个积极特征。

· 多练习用正面激励代替批评话语的艺术。要对已发生的事心存感激，而不要对没有发生之事怀有恶意。

· 受到批评的时候，您应该练习顺其自然的艺术，不要把批评的话语放在心上，而要问问自己，别人为什么偏偏要“摔出”这些话来，并且原谅他。尽可能平静地思考一下，别人有哪些地方说得在理。

· 如果别人一再坚持自己的批评，您应该用这样的论点来冷静应对：“这是您的意见和观点，而我认为……现在请让我们来考虑一下，我们双方的共同点在哪里。”

· 请您练习从别人的每个否定中提取出肯定——不是通过牵强附会的辩驳，而是通过发自内心的相信和正面的激励。关于这一点，请您阅读接下来的章节。

对攻击作出正面反应

侵犯（拉丁语）：阴性名词；心理学意义：由冲动驱使的攻击行为，部分（心理分析学与习性学意义上）可归因于先天性的侵犯本能（侵略性）、部分由拒绝（受挫）引起或受环境驱使的行为特征。

——《时代百科全书·20卷本》

我们所有人都想做生活中的胜利者，因而倾向于认为，想要胜利就必须斗争。对许多人来说，生活就是一场战斗；因为照他们看来，只有这样才能获得胜利。今天我们就来更加精确地讨论一下这个说法的正确性。首先我们要问问自己：战斗——敌人是谁？失败者会怎样呢？他将怎样应对？也许我们可以试着从更高的角度来考察整个主题。人生即发展自己，不断成长。这个过程是一场战斗吗？自然界会与春天或冬天打仗吗？

我们都想要坚持己见，实现己任，在生存竞争中获胜。这样一来，整个人生就是独一无二的战场了。战斗听起来让人斗志昂扬，但是战斗本身却不会带来任何结果。历史告诉我们，战争不能解决任何问题，反而会带来新问题。有的人只有在斗争中才能自我感觉良好，他们把自己的侵犯行为看作是力量的象征。当然，侵犯是要以力量为前提的，但是好斗者是如何利用这一力量的呢，仅仅用于战斗还是致力于实现目标？

许多人也许对这样的基本思想都不陌生：“世界是不完美的，人类也是不完美的。”由这两点不利因素出发就产生了关于我们存在的难题。最重要的问题是：好斗者能凭借他所有的强大力量更快更好地解决待解的问题、完成眼前的任务吗？

我们每天都能接触到各种形式的侵犯。它会表现为野心、虚荣、妒忌、贪婪、仇恨、自大、傲慢、愤怒或暴力。为了实现自己的目标，人们会因生活环境的不同而采取不同的策略。一旦好斗者未能在他的战斗中获胜——尽管他为此投入了大量的精力——他便会把侵犯的矛头指向他自己。

许多科学家和研究者对侵犯的不同方面都进行了研究。西格蒙德·弗洛伊德、康拉德·洛伦茨和埃里希·弗罗姆都写过关于这种人类破坏力的重要论文。对于侵犯的后果，几乎所有研究者都意见一致；而他们的重大分歧在于这种负面情感冲动的起源。我们首先必须对人类侵犯的不同类型加以彻底区分。第一类——这是人类和动物所共有的，良性侵犯，它有助于个体的存活。第二类是恶性侵犯，即破坏力和残忍性，它不是先天遗传的，而是后天习得的。在历史中我们常常可以看到，先天侵略性的理论很容易会演变为一种意识形态。

如果我们全面地分析一个具有侵略性的人，就会在他的性格中发现害怕、畏惧、缺乏安全感、悲观主义以及自卑情结的苗头。具有侵略性的人会过分抬高自己性格中的这些阴暗面，因为他们认为，这样可以恐吓到他人，以此实现自己的目标。他投入了巨大的精力，然而结果却常常是过犹不及。私下里他总是生活在生怕自己会不受人喜爱的恐惧里；他想通过自己的行为向每个人证明，自己是谁，自己能做什么。他认为，他必须一直为自己辩驳，不断地证明自己。好斗者就这样在不同的生活环境中战斗不止，甚至是在那些完全没有意义而且会伤害到自己的场合中。通常他会对任何事都不加理睬，拼命去实现自己的目标，而不考虑损失，有时他会遇到另一个好斗者，于是激烈的战争就开始了。在婚姻中也常常出现长达一生的战斗，夫妻双方都在为日积月累的伤害而拼命惩罚对方。

在侵犯的背后隐藏着各种形式的交流障碍——能明白这一点很重要。因此好斗者不是在做一个邻人，而是在做一个敌人。他并没打算圆满而出色地完成自己的人生使命，而是在我和你、在自我和我们之间树立起了一道高墙。各种形式的好斗的性格特征，其实都是在失衡的大方向下所产生的对生活恐惧的反应。真正能够有所作为或至少明白事理的人，不会需要持续不断的喝彩。

如果去测一个好斗的人的脑电波，就会发现，他总是处于β波状态，同时伴随着血液中居高不下的肾上腺素含量。现在就产生了这样一个问题，我们该怎样与好斗的人相处，我们该如何对待他，才能不让他一直向我们宣战？

既然总是会碰到一些好斗的人，我们最好来做一个可以信赖的行为模板。请您思考一下，迄今为止，您在缓和侵犯并将其转化为和谐相处的事情上，摸索出或使用了什么样的方法呢？首先，我们绝对不能被吓到，或者因任何理由使自己陷入β波状态。面对一个好斗的人，恰恰要保持冷静、镇定和勇敢。以下的这些行为一再被证明是有效的：

1. 保持轻松的冷静状态

既然您处于α波状态，那就不要让自己被负面情绪传染。这是您的软武器。

2. 表现出明显的倾听

眼神交流很重要。但不要长时间地盯着对方的眼睛，而要把注意力更多地集中在对方的嘴上。

3. 有保留地肯定

有保留的肯定不是完全的赞同，更多的是对对方的理由表示理解。

4. 提出问题

提问的人主导着整个谈话。提问是内心强大和兴趣的标志。您越多地提问并让对方讲话，就越能瓦解对方的侵犯。

5. 找出共同点

当气氛再次变得轻松时，人们通常能找到足够多希望或能够共同达到的目标。

到现在为止，我们都在谈论别人，但您自己的行为在别人看来是怎样的呢？对于西格蒙德·弗洛伊德来说，自我认知意味着，去意识到那些无意识的东西。我们知道，人的性格也依赖于他所受的挫折，以及他对于挫折的反应程度。您是怎样做的呢？是否有足够的自信去认识自己的弱点，并希望从中发展出优点呢？其实我们都清楚，如果我们带着侵略性去和他人交往，经常会迫使对方也表现出侵略性。我们应该学习并练习，以温和的方式去实现自我。当然我们确实生活在阴阳之间，生活在世界上的战争与和平之间。因此找到自己的平衡点也就显得日益重要。埃里希·弗罗姆对此有着确切的表述：

只有一条道路既能通向人类的统一，而又不致使人扭曲。这种尝试早在公元前1000年就已经应用于当时所有高度发达的社会了，如在中国、印度、埃及、巴勒斯坦以及希腊。发源于这些文明土壤的智慧教导我们，用理性的分解来消除内部分歧不过是一种悲剧性的努力，它无法帮助人类实现融合。人类的融合只能通过全面完善其理性和爱来实现。

只有学会了如何作出正面反应，我们才能成功。但是人能对攻击作出正面反应吗？在我们去硬碰硬的时候，大多数的侵犯和敌对会显得更加激烈。敌对，总是在人们品头论足、表示反对或者没有保持足够的距离时才产生的。成功的人应该是化解敌对、消除偏见这门艺术的大师。因为敌对会让我们的生活更加艰难，它会让我们像穿着沉重的铅鞋走在自己的道路上。但遗憾的是，总是有许多人认为生活就是一场战斗。于是他们就和所有人、一切事物作对，与配偶、上级、顾客、邻居、老师等人的观点作对。他们由此建立起的唯一的东西，就是越来越大的阻力和越来越高的围墙。相反地，我们应该做的是运用各种技术和个人的技能来摸索，如何尽可能地减少阻力。能将我们联系在一起的是共性，而不是争论——即使它们饱含智慧也不行。因此，我们不该和他人作斗争，而应该共同努力去实现目标。这样我们能省下多少力气和精力啊！不需要额外费劲我们就能实现极高的目标，简单地说，就是我们更有效率了。

一个人越是友好开朗、心无芥蒂，人们就越是愿意帮助他、支持他、协助他。这样他就能走向发展、进步和成功。

一个人越能沉入自己的内心，与自己内心深处的集体潜意识的联系也就越密切。但如果人们为了显得与众不同，只活在自己的头脑里、宣扬自己的独特性，那么人与人之间的隔阂就会越来越大。许多人在遇到其他人之前，常常会下意识地作出抗拒的反应。要实现真正的成功，我们必须开诚布公、毫无保留地相信自己的使命，必须乐意通过自己的行为有益于他人，并把每一个人际交往的行为都置于这个生活信条之下。

既然有其他可能，干吗非要选择斗争呢？我们不去战斗，我们要带来收益。能给他人带来好处的人，不需侵犯别人就能实现自己。大人物会坚信：

- 用魅力取代强硬；
- 用兴趣取代回绝；
- 用爱取代统治。

激发别人的热情

如果你充满热情，你就能做成一切。热情就像酵母，能让你的希望膨胀，直达天空。

热情是你如炬的目光，是你轻捷的脚步，是你伸出的双手，是你不可抗拒的意志，饱含让你实现理念的能量。

斗士都是热情洋溢的，他们有着强大的精神力量，意志坚定。

热情是一切进步的基础。有它便能成功，没它只是空谈。

——亨利·福特

一切都是关于人的。公司的成立、发展和破产，我们行为的结果都离不开人——员工——的参与。激发员工的积极性一直是每个企业领导者的一个主要任务。现在，真正意义上的领导意味着：让自己的员工更加成功，而不是粗暴地统治着自己的员工，或者更糟糕——利用员工。一个成功的员工会觉得自己得到了认可，会更加活跃，因为他有了成功的经验；但一个不成功的员工会认为自己被利用了，因此灰心丧气，甚至可能会成为牢骚满腹以致寻衅滋事的人。

只有燃烧的火焰才能照亮他人，这需要三个要素：激励者、动机和员工（也就是待激励者）。但是没有宏伟的目标就没有动力，为了能够激励他人，您首先必须相信自己和自己的目标，只有这样您才能激发他人的信任。您也可能会遇到巨大的困难和问题，但只要相信自己，相信自己的事业和未来，您就根本不会遭遇任何危机。成功之路需要热情的力量：

1. 热情可以点燃信任与信念。
2. 热情会让人行动起来。
3. 热情会帮助您实现目标。
4. 热情可以扭转消极面。
5. 热情能让您富有魅力。
6. 带着热情倾听，您会向他人学到很多。
7. 热情会化解命令中的强制意味。
8. 热情是您打开任何一道门的钥匙。
9. 热情即影响、感染别人，不需要用强权去统治。
10. 热情意味着您要明确表态。
11. 热情就是照亮正面论点的激光。

12. 热情可以帮助您引导他人的想法和情感，让它们符合您的喜好。

13. 热情会唤醒激情与信心。

14. 热情能吸引别人。

15. 热情会阻止无聊的出现。

16. 热情会让别人愿意帮助您。

17. 充满热情的人无人可比。

18. 热情会让您闪耀光芒。

19. 热情是您不会坠入阴暗的标志。

20. 能够激发别人热情的人，就不会去强迫别人。

激励就是要激发别人的热情。激励是一门提高员工工作效率的艺术。我们每天都会发现，许多员工实际所做的远低于他们原本的才能和工作能力。

几千年来，人们都对自己周围的环境表现出了极大的兴趣。然而令人惊讶的是，直到20世纪初人们才开始关注自身。西格蒙德·弗洛伊德是从科学角度关注人类内心世界的第一人，他的继承者不计其数。对我们来说，重要的是建立起一个可以应用于每天生活的具有实际操作性的体系。

就像所有的集体一样，在企业中也存在着正、负两派，即吸引人的人和令人反感的人。对站在前沿的人来说，重要的是去激发那些正面力量、那些建设者的积极性。

人类所做的一切事，都是由他的大脑来控制的。这里就产生了第一个问题。假如你有了一部新手机，你就会仔细地研究它的每一个技术细节，以便能最有效地使用它。但是谁能知道，该怎么调节、设定自己的大脑，才能保证让它发挥出最大效能呢！今天我们已经知道，人体就是一个运作完美且可受控制的系统，只是其中所有的事情都是下意识地进行的，效率的提高或降低也是如此。比方说，如果我们感染了流感病毒，身体就会立刻激活免疫力，而我们根本没有觉察到它的存在。但这样一个可控制的系统并不是只在器官之间有效运转，它同样存在于人与人之间，您的配偶、同事或孩子也会对特定的事情作出完全下意识的反应。重要的是，您要知道，与效率紧密相连的人类行为并不是有意识的意志设定的产物，而是对于内外事件下意识的反应。我们的大脑在不间断地接收信号，获取信息，并自动作出反应，天天如此，就算是在夜晚的睡眠中也一样。如果想有意识地比现在更有效地去领导员工，就必须明白这一点。

“下意识”这个词一直在出现。但“潜意识”究竟是什么，我们竟会如此依赖于它？到底是什么在真正反映着人的内心呢？德国著名心理学家奥斯卡·谢尔巴赫有一个绝妙的比喻，他把潜意识比作一个工厂，工厂里不仅要有机器，还要有员工。现在的关键问题是，我们要在自己的头脑中管理这个神奇的工厂和其中的员工。您应该见过电子琴吧？这种乐器内部有一个圆柱滚筒，上面布满了上百个小钉，在演奏时，它们就会动起来，敲击某根琴弦，发出特定的声音。您差不多也可以这么想象我们潜意识的工作原理：我们的脑海中也有许多模板或滚筒在不停地运动着，我们的行为——还有其他人的，即您的员工的——都受制于在我们内部运行着的既定程序。更多有关解释请参看“意识的层次”这一节。

您肯定也经常问自己这样的问题：要是一个员工不断地犯同一个错误该怎么办呢？怎样才能让他在将来不再犯这个错误呢？错误几乎是不可能有意为之的，它们只不过是错误的程序在大脑中运作的结果。如果我们认识到了人是要受到其潜意识中模板的控制的，那么就没必要去责骂这个做错了事的员工了。因为指出他的错误并不会改变他的行为模式；相反，太多严厉的批评会进一步强化这种行为。

思维法则十一：“重视带来巩固，忽视导致涣散。”

第十一条思维法则当然也适用于消极刺激（错误）和负面重视（批评和责骂）。一个受到强烈重视的行为——责骂也是一种强烈的“重视”——会更加根深蒂固。

如果您真的想让您的员工有所改变，那么从精神分析的角度看，唯一的可能性在于改变他们的既定程序。从严格的科学意义上讲，对员工的领导、激励和影响需要有对人重新编程的能力。因为只有您修正了他的错误程序，按照其新的应激系统，他在将来就不是愿意，而是必须把事情做对。

因此，要对人进行重新编程，批评就是最差劲的方法了。批评总是会让被批评者进入防御状态。您要想成功地领导别人，就要能够从内而外地促使员工采取正确的行为方式。您一定也问过自己，为什么人与人的差别会这么大？为什么有的人幸运有的人不幸，有人成功而有人失败呢？所有人的大脑结构都是一样的，唯一的不同点只在于其中的内容，在于一个人自出生那天起吸收、存储了哪些信息。

人人都乐于接受对自己有益的影响。

没错，正如人人都乐于接受对自己有益的影响，当某种影响对他有害时，他就会进行自我防御。所以当谈话进入艰涩僵持的状态时，我们就应该问问自己，是否还能清楚地看到并考虑到对方的利益？每个人都有着一种第六感、一种直觉，能够在出现不利的苗头时向他发出警告——这是一种很好的现象。他会紧锁自己潜意识的大门。因此，在交谈、谈判以及和您的员工谈话时，请您总是并首先考虑对方的愿望和目标。您会发现，这样可以毫不费力就顺顺当当地达成双方的共同目标。许多领导之所以会失败，正是因为他在和员工谈话时优先考虑的是自己的地位，而不是企业职工的利益。圣–埃克苏佩里的《小王子》中就有一个很好的例子，而这正是关于领导艺术的最优秀的书籍之一。

小王子在访问另一个星球的国王时说："你是这里的国王吗？""是的，我是这里的国王。""如果你是国王的话，那你就可以命令……！""是的，作为国王我可以下命令。""敬爱的国王，如果你可以下命令，那你所有的命令都必须被服从吗？""是的，没错。所有人都臣服于我的命令。""太好了，"小王子说道，"我一生就喜欢看日出。请现在命令太阳升起来吧。"国王说道："现在我命令，太阳必须在明天早上5：17升起来。"

请注意怎样使用积极暗示。暗示和请求、命令或劝说都有所区别，暗示从不会求助于意愿，而总是诉诸情感。人类的所有决定主要都是由情感主导的。一个人的精神氛围是由从心而生的想法决定的，每一个作用深刻的暗示都是由心而生再反过来作用于心的。成功的暗示绝不会是从理智到理智的。

暗示的三个最重要的原则是：

1. 潜意识有着实现每个想法的潜力。

2. 不断重复一个想法首先会使之变得可信，随后它则会成为根深蒂固的信念。

3. 相信促成行动，专注引领成功，重复成就精通。

暗示拥有消除怀疑的力量，并会由此强化信念。有信念的人就拥有了一切，而没有信念的人则一无所有。向往奇迹的人，会坚定自己的信念。而想要创造奇迹的人，首先自己要相信奇迹。

让别人做事的内容、时机、方式都如自己所愿

说了不等于听了，听了不等于理解了，理解了不等于同意了，同意了不等于执行了，执行了离遵守了还差得很远。

——康拉德·洛伦茨

对于产生信任或进行交流的过程，大概不可能有比这句话更确切的描述了。我们一直认为，自己所说的一切都会被他人接受，而且是准确地接受。在谈话中，您会经常跑神那么几秒钟甚至几分钟吗？您会经常纠结于某些话语或句子而根本没听进去别人接下来说了什么吗？其他人的加入、倒咖啡、电话，所有这些都是干扰因素，会让重要的内容直接从对方的耳边溜过去，尽管谈话对象可能是您重要的商业伙伴。于是接下来说了什么，您已经完全跟不上了。在谈话的最后提出的问题其实正是您整个论述的前提，这种情

况是多么常见啊！

我们所有人一定都能经常体会到，当别人说出了事情的真相却并不相信我们时，那种内心的痛苦。我们说得对，却没人相信；我们有了一个绝妙的主意，却无法让别人信服；我们从某个产品、某项服务、某本书、某个方法、某个课程中受益匪浅，别人却对此表示怀疑。如您所见，一个友好的意图、一个好主意本身是不足以赢得别人的信任的。我们所缺少的是一种生活必需的能力：劝说的艺术。

劝说即感化！但感化的作用只能在那些准备好去“化”的人身上、在那些敞开自己心扉、用心倾听、全神贯注的人身上实现。所以正如我们前文所说，侵犯是劝说艺术最大的敌人。侵犯会使人封闭自我、冷漠无情。因此，任何侵略性都应该被无条件地根除。要想获得成功，没有别人的帮助是根本不可能的。而为此我们需要去关注、信任别人，常常还包括对他人产生好感。要想说服别人，你在别人眼里就必须是一个友好亲切的人。大人物会按照下面这五个感化的层次来主导每次对话：

1. 通过传递好感来接近谈话对象；
2. 用利益和提议来吸引谈话对象；
3. 用论据和理由来劝说谈话对象；
4. 用动机来感化谈话对象；
5. 用可靠性来最终赢得谈话对象。

要想领导别人，就必须知道在人的内心发生了什么，并且明白改变某个特定内容有多么必要。暗示的技术在这里就可以派上用场了。暗示即“感召”，是对他人的情感、想法以及意愿过程施加精神的影响。任何人都是可以被暗示的，也就是说是可以接受暗示的。暗示是一种不受人怀疑的声明，即不是明确的“可能”或者“貌似”，而是“个人确定”。经常有学员在参加了针对高级学员开设的口才课之后表示，在开始试着准确而富于暗示地说话后，他们受到的质疑比原来少多了。因为一旦话题跑偏了，您就会听到“我觉得……”这样的句子。这时您就知道，有些东西需要纠正了。一旦您成功而不受怀疑地将特定的信息引入了对方的潜意识，您的谈话对象除了在暗示影响的迫使下满足您的愿望外，别的什么也做不了了。这样，员工就会想要执行您的命令了。

重要的是，要让您的指示尽可能深刻而明确地在员工的潜意识中安下家来，形成深刻的记忆情结。要像录磁带那样和您的员工交谈，如果您录的声音太轻，那么播放出来的声音也轻；如果您在录的时候不够自信，那么播放时听起来会是怎么样的呢？不自信！您所施加的感化的深刻作用和影响力又将怎样实现呢？提高您暗示力的唯一前提，就是专注的能力。在将您的想法暗示地存入对方脑海的过程中，您越是专注和坚定，就越能让您的信息深深地扎下根来。

既然专注力是领导者最重要的品质，那么您就会明白，紧张不安是最消极的。自己越紧张、越忙乱，您施加给别人的影响就越小。所以，领导别人的前提，并非只系于愿意接受领导的员工身上，更多的取决于上级。

现在我们知道，人在很大程度上是要受到环境的影响的。对您的员工来说，您就是他们的环境。您决定着他们会有怎样的表现。您在员工中唤起积极回应的能力有多大呢？员工可以准备好执行您的决议，但是如果他们不清楚这些决议，即使是最好的意愿也帮不上忙。于是我们必须检视一下自己，我们难道不是经常错误地把别人当作读心人吗？他们难道不应该觉察到我们想要什么吗？没错！我们给别人施加了太多的前提。而在向别人告知信息、透露我们的思想进程这一点上，我们所做的努力实在是微乎其微。这是一种严重的玩忽职守。

思维法则五：“一个小小的思维火花可以燃起一片耀眼的火光”。

能激发出人最大工作效率的，是他的想法和意识内容；但是促使他放弃或者死心的，也恰恰是他的思维和情感。一个神经质的上司会把整个企业搞得乌烟瘴气，而一个平和、有活力、会领导的上司则会凝聚起整个公司，会在员工的头脑中激发出有利于未来发展的构想。

我们总是过多地忙于应付那些我们不想要的东西，而留给自己思考想要什么和怎么得到这样问题的时间却太少。应该看到的不是别人犯下的错误，而是他们的积极投入。我们不能总是强调，自己不喜欢什么。太过经常的批评只会徒增怨气。我们应该努力学会准确地表达，可这并非易事，在学校里我们就明白这一点。有的老师能够唤醒我们身上别人看不到的才能。今天领导者最重要的任务之一，其实就是要培养根据别人的努力看到其潜在的能力。影响力不在于否定——批评、责骂、抱怨或（更糟的是）讽刺——而是在于肯定、认可，在于正确积极、富于暗示的引导。请再读一下第十三条思维法则：

“不断重复一个想法首先会使之变得可信，随后它则会成为根深蒂固的信念（同样适用于消极方面）。”

只有坚如磐石的信念，也就是人们常说的移山之志，才能准备好实现意愿的力量。广告界每天都在实践着这条思维法则，以此操纵了上百万的人。那您在完成领导别人这项艰巨任务时，为何还要背弃这条智慧呢？裴斯泰洛齐在很多年前就认识到，有的人做好事，是因为他相信美好和善良。这已经是一条古老的法则了。

也许您对某个想法、某个计划进行了长达几周的深思熟虑，然后您就觉得已经够了，可以和员工谈了。如果看到自己的指示并没有被公司立即执行时，您可能还会感到惊讶。其实这一做法是不可能有好结果的！因为您的想法对其他人来说，还是异物。但是通过不断的重复、解释、描述，通过对效果和状态的预测，通过对预期收益和改善的突出强调，您就可以把您的计划变成员工自己的精神产物了。回想一下，要让您记住某件事，您的母亲需要重复多少次啊？就是从广告心理学中，您也可以明白，一则广告自身是远远不够的。您要么必须忽略所有广告，要么只能接受它们。假如一家大的上市公司在短短的一个季度内不再去重复他们的课题，那他们的财政会变成什么样啊？绝没有哪家大公司会允许这样的风险发生。单个的刺激很快就会被别的刺激掩盖掉，因为：

说了一次等于没说。

如果您在员工身上关注的是错误，那么这些错误会日渐增多；如果您在他们身上看到的更多的是积极品质，那么日益增多的就会是积极的品质。因此，我们为什么还要热切地倾向于总是揪着错误不放呢？如果我们对积极品质的认可太少，员工就得不到足够的成功经验。在生活中您难道曾经觉得受到了太坚定的认可、太多的赞美或者太强烈的爱戴而难受吗？

让自己去关注别人身上的积极面，是一个严格的自我教育的过程。没有人生来是天使。每个人——就像硬币一样——都有两个面，但是难道有谁在逼着我们只去看那消极的一面吗？既然一切的问题都是关于人的，那么您的成功也就取决于您员工的工作能力以及——更重要的——工作积极性。如果总是关注他们的缺点，那么您就永远不可能激发出他们最好、最强的一面。总是关注并承认自己想在他人身上激发出怎样的潜力，这样的人才是精通此道之人。

“领导是一种能力，可以让别人做事的内容、时机、方式都如自己所愿——因为这正是他自己的意愿。”

——德怀特·戴维·艾森豪威尔

既然相信可以对别人进行引导，那我们就不应该继续凭感觉行事，而应该有明确的针对性。必要而强烈的自我意识也就由此而生，这是每个领导者无论如何必须拥有的。有很多人都极少对自己提出这一问题：“我领导员工的目的或方向是什么呢？”领导力即拥有目标，并能够把这个目标生动地描述出来，让人可以具体地去设想。所以，在和员工谈话之前，我们应该向自己提出这个具体的问题：“我想要实现什么？”目标的明确性是首要的也是最重要的要求，它是专注力的秘密所在。不能集中注意力的人，就不会知道自己想要什么。他们精神涣散、反复无常，脑子里有千万个想法和主意，却无法让哪怕一个想法变得坚强有力，更别提去实现它了。

关于目标的问题是居于首要地位的。接下来是关于道路——合理的道路的问题。什么会有助于而什么又会有损于企业呢？您越清楚自己想要什么，就越能轻易地让您的员工追随您。但是如果连您自己都不知道这趟旅行将走向何方，您就不可能要求您的员工准备好来跟随您的脚步。任何一个司机是否认路，您一定一眼就能觉察出来。没有谁开车会比那些不清楚自己要开到哪儿去的人更不安全、更危险。而有的企业家在领导的过程中所犯的错误却是太过固执。在每次持续六天的自行车赛中，您都可以观察到，骑手们是怎样尽可能地贴近前面人的自行车后轮、利用尾流前进。您在领导的过程中，是否与您的员工足够贴近，以至于也产生了某种尾流效应呢？如果是这样，人们就会自愿地追随你了。但如果您的距离太远，尾流就会断开，于是就产生了两个完全分离的层面。所以各种形式的固执和超速才是真正的领导错误！超速前进是不假，但是超前太多，以至于没人赶得上您就不太好了。

我们生活的世界需要活力，它的存在依靠于领导者拟订的计划。因此，在民主的气氛中进行领导也就显得前所未有地必要。但民主，不是指不再接受领导；相反，恰恰是在民主中，领导者需要做的反而比在专制中需要做的更多。群龙无首只会导致混乱，这是我们大家都知道的。近几年有多少公司纷纷破产！当然其原因是各种各样的，领导不善也是其中之一。因此，对于领导心理学的研究，再努力也不为过。其重点——也是我们的出发点——在于人。关键在于，您应该和您的力量、能力以及您的员工同步前进。您所领导的人的幸福，或者是不幸，也都取决于您的行为、您的影响。

提问的艺术可以显示出您对谈话对象的兴趣有多浓厚，体现出您是否真的关心面前这一个人所代表的一群人的利益。“您找到停车位了吗？”这就可以是一个很简单的问题；此外，您也可以问客户是否是乘飞机过来的。您要清楚为什么向人提问比自己滔滔不绝要好得多。滔滔不绝的宣讲通常不会被人接受，而只会制造矛盾，伤害对方的尊严，挑起愤怒，引发争执；相反，提问的好处是毫无争议的：提问的人，不会去宣讲，不会有伤尊严，而会发动对方，邀请其回答。提问的人说得不多，却表露了兴趣所在。提问的人，能够更迅速地获得信息，节省时间（还有花费），可能还会给对方以更正自己的机会，这样提问的人就掌握了先机。通过提问，您可以主动发动谈话的内容，而不是白白地把谈话的主导权交出去。

提出的问题多，得到的答案就多；提出的问题正确，得到的答案也就正确。

附录：提问的技巧

要得到正确的答案，关键在于掌握正确的提问技巧。问题是使人活跃起来的推动力，有助于跟上他人的思路，控制和引导他人的想法。最重要的是，它是让人作出决定的暗示的工具。如果您扔球给一个孩子，他就会去接。问题也是一样：您抛给谈话对象一个问题，他就会作出回答并把球再抛回给您。通过这种问答抛接游戏，合作和信息交换就自然实现了。作为提问者，您可以用提问的方式决定对方作答的方式，所以请您来学习一下提问的技巧：

1. 信息型问题

提出启发式问题的人，希望能从他人那里得到知识、经验或者具体的细节。他的目的在于整合信息，从而可以对某事有个大致的概览。信息型问题都是开放式的问题，也就是说，提问的是事情的真实情况，别人会像做报告一样进行解释。

2. 检测型问题

检测型问题在任何对话中都很重要，它可以帮助人了解对方是否还在听，是否理解，到现在为止是否还赞成。最简单的问题是：

· “您觉得呢？”

·“您难道不也是像我这样想的吗？”

从对方的反应您就可以知道，他是不是还跟得上您的思路。假如您发现，他已经跑神了，或者有什么地方不理解，您就应该把谈话的内容退回去几步了。

3. 引导型问题

当想要了解对方到现在为止对自己说过的想法和观点持有怎样的看法时，人们也会提出引导型问题。这类简单的问题有：

·“您对此还有什么问题吗？”

·“您对这一点怎么看呢？”

您作为提问者，当然要在提出这些引导型问题之后保持沉默，让对方来发表看法。您要给他时间，他必须集中精力，组织自己的想法，并且首先自己得出一个看法来。但是这一类问题的提出一定要把握好时机，要在您详详细细解释某个复杂的机械原理或者提议之前，否则，别人也许从您的第五个句子开始就已经走神了。

4. 确认型问题

为了使双方达到同一个交流层面，人们就会提出确认型问题。如果对方向您表示了五次认同，那么他在第六个决定性的问题上就不会向您抛出一个“不”来。在每次谈话中，人们都应该插入一些确认型问题；因为需要一再强调的是双方的联系，而非分歧。您可以这样问：

· “您一定也希望……”

· “你也和我想的一样……”

5. 打开型问题

打开型问题，顾名思义，应该打开您谈话对象的思路。同时它们也应该是开放性的问题，不能仅仅用“是”或“否”来回答。比如：

· “您到现在为止，对这台机器的满意程度是怎样的？”

· “您的目标是什么呢？”

6. 反问

尽管用反问来回答一个问题的方式不太礼貌，但它却是一种灵活的心理学工具，可以利用对方的论点来说服对方。

例如：

顾客：“这台机器多少钱？”

售货员：“那要看你选择哪个型号了。型号A有这样的优点，您可以……型号B有两个好处，您能……和附加装置组合起来，您还可以实现以下的附加作用……现在您觉得哪个型号最适合您呢？”

顾客：“嗯，带有附加装置的那一台倒是可以考虑。它需要多少钱呢？”

7. 选择型问题

选择型问题会为对方提供多种选择的可能和路径，但提出选择方案的数量不宜超过三个。选择型问题应该引导人快速作出决定。

“或者”这个词经常是它的主要构成部分：

问题：“哪一个谈话时间对您来说最合适呢？周一12：30，或者周三14：00，再或者周四16：15？”

8. 同极式问题

这类问题指的不是别的，就是重复对方的问题以表示自己已经理解，然后作出回答。其作用是双重的：这会让提问者感到，他的问题真的得到了正确理解；另外，人们也有了更好地考虑自己答案的机会。

9. 肯定式问题

借助于“这真是一个好问题”这样的评论，您会让对方感到，提问很慎重，而对话进行得很顺利。作为一名优秀的演说家，您应该经常肯定他人的提问，因为除了他自己，再没有什么更能肯定他的了。

10. 指挥式问题

交响乐团的指挥会向某位乐师或乐队的某个部分给出起奏或强调的手势，他控制着乐曲的强弱起伏。作为提问者，您正应该像这样紧握谈话的主线，并将它引向您所希望的方向。不要让自己受到别人的强行引导。

11. 挑衅式问题

挑衅指的是挑战。提出挑衅式问题的人，要明白挑战所在。这有时是十分必要的，它可以让人真正弄明白，对方只是想反过来进行挑衅，还是有些事情没有说明白。

例如：

· “您真的认为，您的机器在接下来的三年内仍然能够保持竞争力吗？”

· “您能肯定，能以这个价位买到×这样商品的情况还可以持续很久吗？”

12. 展开谈判或对话的问题

在对话开始提出一个巧妙的问题始终是一个具有活力的开端。它能立即吸引商业伙伴或者公众的注意力，并且让他们产生积极的预期。

例如：

· “如果我能针对您每天的业务问题提出一种解决方案，您能给我七分钟时间吗？”

· “因为……您的公司里每天都会有很多缺工的现象，能允许我对此提出一种解决建议吗？”

13. 结论型问题（特别是在推销的谈话中）

结论型问题的目的是，有意或无意地结束一次谈话。最好是先提出一些确认型问题，伴随着友好的微笑，同时尽可能地点点头以表示由衷的赞同。

例如：

·“我是否已经向您介绍清楚了这台机器能为您的企业带来怎样的利益？”

·“您是否已经了解了，对这台机器进行维护有多容易？”

然后不需要过渡，您可以直接转向结论型问题：

·“您觉得什么样的安装时间合适，11月15日还是12月15日？”

·“您是希望先通过一个小的首次预订来检验我们的质量，还是想立即订够所需的全部？”

您应该对每一次重要谈话都有所准备。如果您需要了解的有很多，就请把最重要的问题按照顺序写下来，以便据此找出主题。如果您想推销一些东西，请提前确定：

·我该怎样展开谈话？

·我该怎样进行论述？

·可能遇到怎样的反对声音？

·我该怎么去反驳？

·估计会出现什么特别的困难？

·我需要怎样的结论和理由？

如果现在再前进一步，我们就会认识到，刨根问底的艺术有多么重要。我们肯定经常发现，在相同的概念背后，往往隐藏着不同的观点和看法。如果有人说“我想要成功”，由此我们基本上一无所获，我们应该继续询问，“成功”对他来说意味着什么，他想在哪个领域里获得成功。如果有人说“我想要幸福”，为了能了解并理解他，我们就应该追问下去。如果有人说“我想变得富有”，我们其实不知道，他对“富有”的定义，他又想变得多富有。这只是三个很简单的例子，但是已经表明，为了真正理解谈话对象的思维、情感和目的，提问的艺术有多么重要。

就像不存在两个指纹相同的人一样，也不会有两个观点相同的人。因此懂得当两个人相遇时该怎样作出正确的反应，就显得十分重要了。很多年前我曾经听到过一个很好的关于这一点的例子。

有个人说，雪是黑色的！——您该怎么应对？您也许可以像个专家一样说道：“您真是一无所知，现在让我来向您证明，雪是白色的。”——这确实是一种可能性，但却是最糟糕的一种。不过还有其他的应对方法，比如“很显然，附近有个工厂，总是排放很多煤烟”，或者“真有意思，您怎么会这么认为呢”，或者“昨天我在《法兰克福汇报》上读到一篇报道，它确定雪是白色的”。也许您这就能感受到，作出积极反应的艺术是多么重要。

为了训练劝说的艺术，请您反复读第十四页的十四条思维法则，然后把它们内化为您自己的东西。仅仅是去思考这些思维法则是远远不够的，您要付出一些小小的努力，去把它们记住。因为只有这样，您才总能有意或主要是无意地——也就是凭着感觉——来应用它们。这样，思维法则就会成为潜意识为您构建劝说艺术的基石。为此，我向您推荐下面的这个练习：

练习：寻找理由与榜样

请您写明，说服别人的能力有多重要。找出十个理由，说明为什么劝说的艺术对您个人来说具有根本性的意义。一定要写下来！

1.

2.

3.

4.

5.

6.

7.

8.

9.

10.

请给自己几天时间。您的潜意识现在有了一个明确的任务——寻找理由。请您时不时地通读一遍这张单子，同时不断地进行补充。大大小小的理由会如潮水般向您涌来，慢慢地，认识与决心就会成熟起来：劝说别人的艺术是我最最重要的能力之一。只有此时您才能开始第二个任务。请您写出十个您觉得可以被称为劝说艺术大师的人的名字。这些人可以来自政治界、经济界、艺术界、历史界、戏剧界、科学界或者您个人的熟人圈。给每一个人注上一个简短的理由，注明为什么这个人如此成功。这会让您的认知能力得到极大的提升。

1.
2.
3.
4.
5.
6.
7.
8.
9.
10.

请随身带着笔记本。大量的想法和理由会让您越来越清醒。但是立即记下来是非常重要的，否则您的想法就会被日常琐事吞噬掉。所以不要再等待了——立即开始吧！

通过这两个练习，您会意识到：

1. 劝说的艺术是多么重要；
2. 谁是这其中的大师。

由此您的心中也会产生精通此道的愿望。

增强话语的影响力

自己的话语影响如何，可以通过它所激起的反应得知。

——玛丽·冯·埃布纳—埃申巴赫

一个有影响力的人，必须能够在日常生活中的各种场合进行演讲。他应当学会气定神闲、充满自信地出现，并且将自己的思想传达给他人。因此，要论重要性和普遍实用性，这世界上再没有什么能比得上说话这门艺术了。在领导力评估榜上居首位的能力，便是如何传达自己的理念并激发出新的观点。领导者的地位越高，他们的世界就越是一个语言的世界。

这简直是个噩梦：面对二三十个陌生人，他们全都目不转睛地盯着您，而您则要开口说话，比如：介绍自己，描述一个事实，或表达一个观点。所有人都在等待：他们的眼神在暗示着，快开始吧。您的心跳快得如爆表的赛车发动机，脉搏突突直跳，双腿发软，手心直冒汗。该怎么擦汗？手到底该放在哪儿？声带好像被堵住了，可是不知怎么的，还能从口中蹦出几句话来，声音嘶哑，连自己听起来都如此地陌生。大脑中思绪翻飞，失去控制，心里恐惧不安，突然觉得自己像是站在法庭上的被告。真是一场噩梦！不过这样的噩梦您是可以避免的。如果您在多于三四个人的环境下无法自如表达的话，那么这一节对您就尤为重要。说话之道是可以习得的，就像学习数学九九乘法表一样，您也可以自己学会说话的乘法表。

一直以来，我都会鼓励管理者们："去参加口才训练班吧。"但当我问起有谁参加过口才训练班时，通常只有很少的人有所表示。大多数人都参加过许多管理学培训，然而对于口才培训却望而却步。但恰恰是在口才中才能展现出，一个人是否懂得管理技巧或者能否运用自如。口才锻炼的是能力，您也应当训练这种对领导者来说最重要的能力。说话需要严密的思维，只有将脑中的思路厘清，人们才能将"内部的思路"顺畅地传达给别人；相反，头脑里一团乱麻，讲给别人的话必然会更加混乱不堪。

口才培养的是一种逻辑思维，混乱的思维只会引起混乱的言语。只有经过认真思考，才能明确、清晰地表达。

为了成为演讲艺术大师，请您利用每一个准备讲话或发表演讲的机会，因为语言是您领导的利器。而要在演讲中保持镇定，需要您注意一些技巧。

请您仔细观察一下要讲话的人，尤其要注意他们的腿。一个人越是不安，他就越会像热锅上的蚂蚁一样踱来踱去；而他越是坚定，站得也就越稳。事实就是这么简单。请您想一下：无论稳稳地站着还是不停地闪躲，您的一举一动都不会逃过听众（和观众）的眼睛。当您想要逃离的时候，您的双腿就会泄露这个秘密。所以——请您牢牢记住：我有一个立场，我不能屈服，我要站稳。既然我们都是习惯性动物，用固定的举止养成一个固定的习惯，就变得尤为重要。请您一定要注意，要挺直双腿，充满自信地站直了。因为如果您自己腿软了，您的论点也会站不住脚。

过于兴奋激动时，您就会突然卡住，说不下去，甚至无法再发出声音。显然，心跳和呼吸是相连的。您心跳越快——狂跳160下的情况也时有发生——呼吸也就越急促，说起话来上气不接下气。与此同时，各种想法也在脑海里翻涌，各种怀疑和恐惧就会将您淹没。无法自控的想法如同一个干扰器一般，使您的思路混乱。这不仅让您的声音不听使唤，也会将此前深思熟虑的计划整个打乱。然而对于这种混乱有一剂良药：那就是自我安抚。不要去想，您是有意强迫自己平静下来的，因为这连印度的苦行僧也做不到。但有一种呼吸的技巧可以拯救您，而且只需一分钟。这个技巧可以使瑜伽修行者达到深度的平静和睡眠状态，甚至可以让一只刺猬马上进入冬眠状态。

练习：呼吸平复法

正确的呼吸技巧如下所述，它会让您获得必要的内心平静：

· 请您慢慢地深呼一口气。

· 现在慢慢地深吸一口气，直达横膈膜。吸入时应该腹腔隆起，而不是胸腔。寻找这种呼吸的感觉。

· 然后请您屏住呼吸——持续4秒。之后请您再次慢慢呼出。重复这种呼吸节奏——呼气，吸气，屏住呼吸——5到6次。之后您会发现，脉搏跳动明显慢多了，整个人也沉静下来。

当您心神不宁、过于紧张甚至无法自控的时候，就可以使用这个技巧来调节。瑜伽修行者的呼吸法就像一片镇静药一样，甚至起效更快。而且它的好处还在于，会让您保持一个冷静、清晰的头脑。

您一定明白，我们是如何影响自己的。您也一定会按照第一印象来评价别人，当然有时也会修正这个第一印象。然而过后，这个初次的印象就像桌布上的红酒印一般，烙在我们心底。人的大脑有和照相机一样的记录功能，分秒间就可以接收信息。生成一个人的“图像”只需要七秒钟。七秒之后，各种印象——声音、衣着、步态、面容——都会汇集起来，共同构成这个人的图像。这个图像会将人物在那一刻定格，不需要刻意对焦，就已经记录下来了，但它却决定了我们的反应。正所谓，眼睛是心灵的窗户。从目光中可以看出，我们的内心是平静如水还是波涛汹涌。愉快的日子里目光也是平静的，而悲伤的日子里它会变得飘忽不定。但我们是可以训练自己的目光的。练习的时间久了，您的目光就会拥有平静而温暖的魔力，可以将那些不感兴趣的甚至是敌对的人也变成自己的听众。

练习：训练平静的目光

怎样做到这一点呢？请在白纸上画一个圆点，约一角钱那么大。在圆点外面再画一个大圆。请您把这张纸立在距您大约一米远的桌子上，或者将它钉在墙上。集中注意力盯在这个点上，不要眨眼，保持这个状态。您会发现，一两分钟后眼中会涌出泪水。请您坚持这样练习，长此以往目光就会变得平静。通过这种训练，您不仅能吸引听众，而且还能改变自己的举止和心境。外在的镇定也能向内心传递力量。

您需要克服那种别人只盯着您看的错觉。大部分人只关注自己，即使他们看起来像是在看着您。要克服这个错觉，因为它只能给您带来负担。对此也有一个小技巧可以对您有所帮助：就是同样去仔细观察您的受众。这样您就会把自己的注意力从当前您最爱的主题上——自己——转移开来。观察他人时，人就无暇关注自己了。每个受众群都由三类人构成：支持者、中立者和反对者。您也可以直接把前两者归为一类。这对您来说可是一个有利的出发点，因为您的反对者几乎总是只占少数的。现在要做的就是找出他们坐在什么地方。谁是敌人？谁是朋友？谁处于中立？于是您要做的事就不少了。这样就很好，因为这种组合思考游戏会迫使您始终把注意力放在受众身上。

不要对自己的缺陷考虑太多。如果真要纠结于自己的某个美中不足的地方，那甚至可以用上一生的时间。您身上一定有某个与众不同之处，这种想法能让您产生一种积极的态度，您就会对自己更加友好、宽容。（连自己都不爱的人，别人怎么可能喜欢你呢？）值得欣慰的是，大多数人都饱受着这种“总是考虑个人不足”想法的折磨。在每十个第一次看自己视频录像的人中，都会有两个对自己的表现无法忍受。

练习：自我观察与巩固

拿出最简单的映像播放工具——镜子，然后观察自己，找出让自己满意的地方。然后试着和自己对话，努力让自己相信一些东西。您会看到，这个方法效果惊人。比如，您可以对自己说，自己不久就会成为一个出色的演讲者。这里有一个固定的形式，就像咒语一样充满魔力。请您把它复印或者抄写下来：

“我已经下定决心，要成为一名优秀的演讲者。优秀的演讲者是人际关系艺术的大师。我也能成为人际关系艺术的大师，并会为此每天努力，抓住每个机会练习。我强大的自信和交际能力会使我和他人的交往更容易。我是个目标明确的人。在与人交往中，我会注意，如何更加自如地表达观点，如何更好地实现自我价值。”

您可以经常读这段话，直到您最终相信它——这是您长此以往无法回避的。

讲话之道是可以学到的，您也必须去学。当我们赋予一个人新的声音的时候，也就给予了他新的特征（即萧伯纳《皮格马利翁》的主题）。首先您需要建立一个记录：说出本书中的某个自我暗示，并把它录下来。如果您对着镜子进行的话，还可以边说边观察自己。但是不要被自己的样子吓到，您的声音其实也根本没有那么糟糕。在讲话时，我们听到的其实只是所有声音在头部的共鸣，因此对我们来说，自己的声音才是最陌生的。请您多听几次自己的声音，然后把它放在一边。

要注意讲话的基本规则：越深沉的声音，就越是可信，越是充满魅力。

练习：元音和辅音发音练习（以下为德语字母）

您可以这样开始练习：放松地坐下，双脚贴地，膝关节和臀部保持放松，背部挺直，将小臂平放在桌面上，嘴巴大张。首先，请您练习元音。但不是按照字母表，而是按照音高的顺序，按音域由高到低依次朗读：

i－e－a－o－u

先是慢慢地长舒一口气，然后再吸一口气。发“i”时将上唇抬高，然后一口气连续一直读“iiiiiiiii”。之后再吸一口气，慢慢呼出，再吸气。接下来练习“e”，口形做横向矩形状。然后是“a”，把嘴巴尽量张大，下颚打开，舌头向下压，这样发音听起来标准清晰。

第二个练习：呼气，慢慢吸气，然后闭着嘴发出“mmmh”的嗡鸣声，不要间断。三次轻声，三次大声。这可以使高频的声音变得更低沉。

第三个练习有助于发音的改善：先呼气，再吸气，接着练习

“arrrrrrrrrrr”，然后

“errrrrrrrrrr”，然后

“irrrrrrrrrrr”，然后

“orrrrrrrrrrr”，然后

“urrrrrrrrrrr”。

其实，以上的发音练习也来源于印度瑜伽修行者。他们认为，这些练习对我们的身体健康也有益处。“a”有助于胃部、胸腔和腹腔的共振；“e”可以使发音清晰，避免嗓音沙哑；“i”可以使头部、脑部和疲劳的眼部振动；“o”有助于心脏供血和避免冠心病的发生；“u”可以将横膈膜下压。除此之外，据发明者的意见，这些练习还能增加活力和提高专注力。

按照上述方法练习一个月后，您就可以再次把录音设备拿出来了。现在，您重新录一遍之前那段话，然后对比一下。是不是有天壤之别？敢跟我打赌吗？现在您不仅能发出声音，还有了感染力。因为准确的发音几乎和准确的论据一样重要。正确的发音甚至可以掩盖错误的论据，这种情况并不少见。您的声音就是您的观点放射出的光芒。

一次成功的演讲由三部分组成：

1. 解释演讲的背景、所涉及的范围以及主题（开始演讲之前）；
2. 亮相——留下令人折服的印象；
3. 成功应对突发事件（比如，别人的插话）。

在发表演说或讲话之前，有必要先对演讲的背景、范围以及主题作一些阐释。以下的这些问题也许可以对您有所帮助：我应该谈哪方面的背景呢？是私人背景（比如婚礼、家庭聚会、朋友或熟人聚会），是职业背景（比如升迁、公司年庆、圣诞节庆祝活动），还是公众背景（比如协会庆典、党派聚会，或者作为家长委员会成员或地方行政机构候选人参加的活动）？

在乡村的婚礼上可以比在庆典上“朴素”一些，在家庭聚会上可以比在孩子学校的家长会上私人一些。您也要提前核实一下，出席活动的人的职业是什么。如果聚会成员大部分都是学者，那您就可以引述一些很有见解的观点，并插入几个合适的外来语，在其他的情况下则要尽量避免使用外来语。听众人数越多，那么他们的类型也就越不同。您需要做出相应的准备：

·在准备阶段记下一些名言、有意思的双关语，注明演讲的要点和最重要的思路，把杂志或书籍里的一些节选段落放在手边，以便可以随时插入讲话中去。

·不要太夸夸其谈，也不要太散漫随意（即乏味无聊或自以为是）。

·如果听众很多，就要事先了解一下音响设备。

·准备一些生动直观的材料，比如图片、招贴画或幻灯片。

·请注意您的着装。最优秀的演讲者都已证明，恰当的着装和吸引人又轻松、愉快的出场会相得益彰。

·牢记演讲的开头和结尾！这能帮助您有一个好的开场，并且在进入高潮时不会丢失主线。

·登上演讲台（比如讲台或舞台）的时候要冷静沉着，先平静地呼吸，环视一遍台下的观众，确认台下的人都在看着您，要有眼神的交流。

· 不要忘记向大家问候，注意正确的问候顺序。

· 用引述名言或小故事开始演讲，这样可以吸引大家的注意力并活跃气氛。不要过分地谦虚，不要说自己其实不太确定，或者其他人会对这个话题了解更多之类的话。

· 在演讲中不时插入一些逸事、生动的对比或者有趣的引言，以抓住并始终抓牢听众的注意力。

· 讲话要简短，快速切入主题。

· 时不时地看一下稿子，以免语无伦次，要按照自己列好的结构来讲。

· 在演讲时要循序渐进，最有力的内容不要刚开始就说出来。演讲要有系统，在观众的注意力有所分散的时候，可以抛出一个吸引人的观点或者一个恰当的引言。最有力的以及/或者说中心论点应该放在演讲的高潮和结尾。

· 要考虑到听众们期待听到什么。首先您要努力去满足这种期望，和他们产生认同。然后才能去想您想要说什么、想要传递什么。

· 尽量避免说“我”这个字，尽可能地用“您”，这样就能与听众联系起来。演讲的重点不在于您个人，而是在于您所说的话。您的最终目标应该是说服别人以及/或者让别人感到放松，而不是推销自己。

·说话的时候，速度要慢，吐字要响亮清晰，声音要低沉，这样才能让听众集中注意力。不要太激动，但也要避免单调而没有起伏的语气。在句子的结尾要把语调降下来，在下一句的开头再抬高，最重要的句子要有所强调。

·面部表情要与演讲的内容相一致，这样可以传达出说服力。当说到有趣的事的时候，您也微微笑一下；说到严肃的话题时，您的眼神也要严肃；同听众交流时，要保持微笑。这样才能给人一种融入其中的感觉。

·站的时候要挺直，避免举止显露出不安。手势太多会显得自己紧张仓促，而手势太少会让人觉得无聊乏味。试着用手和胳膊强调观点，但也要避免双臂在空中胡乱舞动。在演讲的是您，而不是您的胳膊！不要抖动您的脚，这只能显示出您的紧张。绝对不要把手插到兜里，这会显得不诚实，而且会让您的演讲没有说服力。总之，保持自然。

·如果讲到一半丢失了主线，那就稍微停顿一下，喝口水或者对着观众自然地笑笑。在停顿中可以重新整理一下思路，这样可以减小跑题带来的危险。

·可以用其他的话再总结一下上一部分最后的两三句话，或者重复一下最后一句话。

·不断试着与观众进行直接的眼神交流，找出会场内分散在几个不同位置的听众，在演讲时把眼神固定在这几个地方，但不要总看一个角落。眼神交流能够带来好感，微笑则能够带来赞同，观众赞同的微笑是一种鼓励，而且有助于克服演讲中的低潮期。

·在草稿中找出一个可以填补空缺的引用，或者在被质疑的时候用类似这样的话改变话题："现在我们来看另外一点……"

·留下一个提问的间隙，或者寻求听众的帮忙，比如："我刚刚说到哪儿了？"如果这时已经俘获了观众，那就肯定可以得到他们的支持。

·看一眼自己写着关键词的小纸片，最重要的是……

·……不要把自己或者情况看得太重，只要放松下来，很快就会找回思路。

台下其他人的突然提问会让人心烦并且扰乱思路，这种插话很让人生气。为什么要影响我的演讲？他对我有什么不满吗？不要不停地用这些问题问自己。您要么机智应对，要么统领全局，要么就什么也不要做。

机智应答是一门自如且恰当地应对提问的艺术。有经验的政治家会刻意训练自己机智应答的能力，他们会在演讲之前就标注出一些可能发生（其实是经常发生）的状况，并想好应对方案。机智这种能力可以通过所谓的协作游戏来训练。如果您认识听您讲话的人，那么您就可以生动地想象他们的不同特点，设想每个人会针对您的论点提出什么样的反对意见。然后根据要点组织一些有力的回答，这样就可以实现机智应答。

如果您一时想不到机智的应对方法，那么可以采用统领全局的方法。统领全局是指，比如答应发言者稍后解答：“我一会儿还会再说这个问题”或者“您能过一会儿再提醒我一下吗”，这就是对于打断演讲的行为既不失礼貌又信心十足的应对方法。发言者越具有攻击性，您就越是要带着愉悦的情绪应对，这样能引起观众的兴趣和好感。这种统领全局的反应也是一种貌合神离的妥协效应：原则上讲，您尊重了发言者，其实同时也是在告诫他，比如自己似乎是同意了他的观点，但实际上是把有关的讨论推后了，或者是从其他的角度进行考虑。这样一种统领全局的反应可以像这样来组织：“我基本上同意您的观点，但歌德认为……”面对这类提问，如果时间充裕，您也可以反问：“您能说得再确切一些吗？您如何理解……？”除了机智的反应，这种统领全局的反应也是面对插话时一种很有效的方法，不过也要求演讲者有较高的应变能力和沉着自信。

对于没有进行过练习或者不够沉着的演讲者来说，这种应对方法是最好的方法：无视发言者，试着假装没听见而不去理睬。如果只有一个或者不是特别多的中途提问，那“不做反应”也是一种办法。但如果这种提问越积越多，您就应该扪心自问，自己演讲时的语气是否合适。不过这种情况下也不要绝望：下次会更好的！要知道：即使是最好的演讲者也是要经过训练的！

温斯顿·丘吉尔算得上是近代历史上最才思敏捷、最能把控大局的演讲家之一了。他能激起听众发言，但会在之前就把对应的答案准备好。他演讲的艺术就在于，他会有意地去引导听众提问，而正是这个提问为他引出自己下一部分演讲的要点。他的才思敏捷是由训练得来的，他会预测各种不同性格类型的人可能产生的反应，试着去设想，某个特定性格类型的人对这样或那样的话可能会作出什么反应、必然会作出什么反应。这样他就排除了演讲时的不可预知性，并且用一系列机智的应对措施武装自己。而且，他训练出的机智敏捷就像与生俱来的一样自然。为了更直观地说明丘吉尔无人可比的机智，最后我们来讲一个这位伟大政治家的小故事：

有一次，丘吉尔正为自己的竞选发表着演说。有一位讨厌他的老妇人插嘴打断了他的演讲："我要是您的妻子，就会向您的茶里下毒！"丘吉尔先是请她重复了一遍——这话第二次听起来更加挑衅、刺耳了——然后这样诙谐地答道："夫人，如果您真是我的妻子，那么我会喝下那杯茶的！"

对于那些恶意或挑衅的攻击，您可以用一些小技巧化解，与此同时您需要表现得很强势。

·迷惑对方。简单地表现出似乎不明白或不相信他所说的话，以此来质疑他的说法或论点。您应当表现得很吃惊，像是恍然大悟一般。您可以用这种方法排除对方恶意的干扰。

·有目的地提问。不要让他一味地说下去，而要用一些无伤大雅的问题打断他，比如："您是从哪儿获取这些信息的呢？"或者"如何证明您的观点呢？"

·质疑他的观点，或者向观众证明，他的观点毫无新意，只不过是冗长无聊的："这个观点您已经是第三次提了——这次终于说到点子上了。"或者，"这个观点我不久前也听说过，但跟您所说的完全不同，我不太确定……"（有可能的话，您要准备一些名人名言、新闻报道或专家鉴定作为论据。）

·用相反的论点来回击对方。大大方方地问，他对此有何看法，或者他是否曾经考虑过某个立场。

·如果对方对您进行不公正的人身攻击，那么形势就对您十分有利。您要保持镇定，向他指出这里不涉及个人，只是就事论事；要告诉他，您不会与他斤斤计较。或者您也可以问他，他有什么反对您的观点要说。这会迫使对方回到事实性的讨论上。

·如果对方在提出反对观点时，使用了大量的外来语或者艰涩的概念，您可以礼貌地请他进行解释或者翻译。使用外来语或专业概念来装点门面的人，往往对于自己的观点并不确信。此外，这个小技巧的使用也可以赢得听众或观众的好感。

· 用普遍化来反击普遍化。比如：“是啊，没错，按照您的意思，所有金发的女人都肯定很笨了，真是让人同情！”

· 如果某个反对者承诺稍后再讨论您的观点，想以此赢得时间，您就可以要求他马上表态，这样您就可以牢牢握住主动权，并同时表明，这件事对您很重要。

· 如果对方想用您的观点反驳您，那么您先在总体上肯定对方，但一定要指出，以此是无法驳倒您某个具体的反对观点的。例如：“这当然没错，但我想，您好像忘记了……”

练习：演讲者的50条要领

为了在将来的演讲中发挥出色，请从下面的要领中找出10条或12条对您来说最重要的，并将其抄写下来，不断重复（朗读和背诵），今后您就可以自动地去注意这些要领了。

说话方式

1. 自由演讲的基础是经过训练的、动听而清晰的发音。

2. 语言的优美是以干净的元音和清晰的辅音为基础的。要想让发音清晰，就需要把每个音节都完整地发出来。

3．演讲能力的获得需要语言和行为两方面的锤炼。所有不美观的、不体面的习惯性动作都应该避免。

4．轻快的语气有助于提高演讲的可理解性和可欣赏性。

5．语速和音调必须与演讲的主题和空间的声学比例相协调。听众越多，演讲的声音就应该越慢、越响亮。

6．成功的演讲者应该有活力和感染力，永远不要陷入干巴巴的腔调中去。

7．有影响力的演讲者永远是面向听众的。他让听众感到，自己得到了重视。于是演讲就变成了对话。

8．简短的句子、合适的选词能够增加效果，所有多余的和次要的都可以省略！

9．音色、语气、声区和音调、语调及表达都应该有所起伏。演讲者说话要铿锵有力并坚持到最后，这样他才能吸引听众的注意力和兴趣。

10．演讲者要提防每一个疏忽大意，严格控制好自己的声音。

讨论

11．讨论是客观的思想交流，每个演讲者都会努力最客观地进行思考。

12．在面对针锋相对的观点时要保持冷静。您应该想到，根据多样性法则，没有哪两个人会有同样的观点。如果能够尊重、欣赏每一种不同的观点，那么演讲者自己的演说能力也会得到提高。

13．要把寻求对自己观点最有力的表达方式视为己任，同时也要尊重不同意见的存在。

14．每一次讨论都应该启迪不同见解，并且努力使它们融合。

15．要直奔主题，切勿跑题。

16．开场要简短，不应过长，直接切入讨论的主题！简明扼要的论述会让讨论显得言简意赅。

17．不要发表挑衅性的言论，没有人会允许您把不满和怒气发泄到听众甚至是没到场的人身上。

18．认真倾听，三思而后言，这样您才能句句切中要害。

演讲者的言行举止

19．演讲者的首要义务是，根据演讲目的确立主题，要能够完全驾驭主题。

20．要想尽可能地让大部分听众对演讲感兴趣并产生共鸣，演讲者就要牢牢抓住听众的心，并适时调整语气和情绪。

21．让语言为思想服务，才能体现出演讲的价值。

22．无论对敌对友，都要坚持公正的态度，不因信仰、政见、地位、立场、年龄或国籍的不同而区别对待。

23．开始演讲之前，要进入准备状态，也就是说，找到内心的平衡，让情感与思维和谐统一。

24．抓住每一次演讲的机会去发展自己的能力：敏锐的判断力、生动的想象力、可靠的记忆力、自由独立的思考以及强有力的意愿。

25．肢体语言的感染力在于对情感与思维的表现，既要有吸引力又要有亲和力。

26．能意识到自我价值的人会表现得自信满满。

27．演讲时肢体的动作要恰到好处，毫不扭捏。不要有所倚靠，不要摆弄手指，因为您作为演讲者是听众的关注焦点。

28．双手和胳膊的动作要灵活敏捷，同时要充满力量和表现力；要避免紧张不安和矫揉造作。

29．演讲时，目光要注视听众，同时要符合整个演讲的气氛。眼神中要能反映出内心活动、坚定的信念、激情与愿望。

30．个人的举止必须和演讲保持一致。只有情感和思想保持一致，言语和手势才能相互协调。

31．演讲者的言语和举止始终要有所控制，以避免任何一个疏忽。

思想

32．要把中心思想看作是演讲的灵魂所在，努力让它贯彻始终。其他所有观点可以用来佐证完善中心思想。

33．整理好自己的情绪和思想，这样才能让各个观点产生合乎逻辑的联系。

34．想象力是逻辑思维活动的推动力量，二者必须始终保持紧密的联系。

35．所有想象和思想必须统一于由演讲者确立的同一个目标，要自觉剔除脑海中浮现出的一切与主题无关的想象画面。

36. 逻辑思考的方向取决于对主要对象论述的发展，而专注力的基础在于坚定的意愿。

37. 请在脑海中练习沉着镇定：从一个想法到另外一个想法的过渡要摆脱慌乱匆忙的束缚，这样进行表达时才能做到沉着镇定。

38. 对话题越是感兴趣，就越容易才思泉涌，同时也会越专注。

39. 要常常去设想，自己想要实现什么目标。

演讲者和听众

40. 教育培训、思考判断、性格品质、看法观点，这些都是因人而异的。因此演讲者必须要摒弃无知疏忽、轻蔑冷漠，克服主动或被动产生的反抗情绪。

41. 演讲者应该努力去赢得听众的关注、信任和好感。

42. 演讲者要克服所有的消极习惯。

43. 好的演讲者必须符合听众的设想。

44. 能把自己放在他人的立场上、懂得用别人的眼光看问题的演讲者，总能获得成功。

45. 演讲者要始终明白，自己演讲的目的是什么、想把听众的思想引向何方。

46. 演讲者要考虑到一切能使人心境平和、心情愉悦的因素。

47. 遭遇批评和指责时，演讲者就应该反思，为何自己努力做到友好亲切，还是没有满足听众的预期。

48. 演讲者的镇定、自信和他的话语同样重要。

49. 相信自己的人，别人也会相信他。

50. 只要演讲时足够机智果断并能使自己融入听众，那些积极而有创造力的人一定会成为成功的演讲者。

人的作用是通过言语体现的。“开口讲话吧，这样我才能看到你。”——苏格拉底的这个思想清楚地表明了言语的重要性。

拒绝不是最终结果

我要向你们透露我成功的秘诀：我全部的力量除了坚持，别无其他。

——路易斯·巴斯德

· 这样的事我们还从来没做过。

· 这样行不通。

· 我的经济条件不允许。

· 我们已经试过了。

· 我还没到那个程度。

· 一切都是空谈。

· 下次再说吧。

· 这我是知道的，只是不能去做。

· 我们等等看会有什么进展。

· 对我来说这样就是不行的。

· 都是胡说!

· 听起来不错，但是我不觉得这能行得通。

· 这事我解决不了。

· 以后吧。

· 太晚了。

· 这毫无用处。

· 我的同事不会参与的。

· 为什么要改变——营业额不是还在增长吗?

· 实际上做不到。

· 这需要委员会来研究决定。

· 我们的企业对于这个想法来说太小了。

这张关于异议的清单还可以随意加长。但不要把谈判对象的拒绝当作是最终决定。通常情况下，“不”只是“为什么”的替代词。异议出现在任何形式的谈判中都是理所当然的，它其实是问题或者要求，是别人的知识缺口。无论您是想推销给您的顾客一台新机器，交给您的下属一个额外任务，还是为您的妻子买一辆新车。

如果没有异议和反对，那就根本不需要谈判的存在了。异议只是您的谈话对象用来达到谈判目标的手段，所以必须用提问来分析它们。如果对谈判进行了充分的事先准备，又有了巧妙的铺垫，您就可以把反对变成赞同。在谈判中，主动出击要好过被动应对。

自信的人对于拒绝的反应，会与胆怯的人完全不同。下面这个例子清楚地表明了积极的基本态度有着怎样的决定性作用。这个例子是我从参加课程的学员那里听说的：

1949年，汉诺威出现了一则百乐顺公司的广告：寻销售经理。有个刚从监狱里出来的德国军官应聘了这个职位，因为在接受军官培训时，他学过许多关于领导别人的知识。两周后他收到了一封回绝的信。他是怎样处理这封回绝信的呢？他穿上了自己最笔挺的西装，走了进去，从传达室一直走到了秘书处，而秘书为他打开了经理办公室的门。经理问他："我能为您做些什么呢？"军官把回绝信交给了经理。经理从头到尾读了一遍，然后说："我们不是已经把所有的都告诉您了吗？""是的，我正是要和您谈谈这一点。"军官答道。20分钟后他被聘用了，因为他的表现说服了经理。这个故事的主人公没有接受拒绝，而是主动选择了挑战。而上述那个职位需要的正是这样的一个人。

我给您讲这个故事，是为了再一次要求您研究一下自己的潜意识，有多少次您也有机会对否定作出积极的回应。也许您也可以和下面这个例子产生共鸣：

您坠入了爱河，邀请意中人吃饭，对方却拒绝了。如果您接受了这个拒绝，那么您就向对方表明了您的心迹——您对对方其实根本就不感兴趣，因为如果您真的爱上了对方，您就会做出第二次、第三次、第四次、第五次尝试，您会一直尝试下去。

由此您可以认识到：拒绝是块试金石，要来看看我们是不是真的想要什么东西。在许多长久而幸福的恋爱关系开始时，都有着一方的拒绝。您的爱人拒绝过您多少次？四次？五次？您曾经等待了多少个星期？我们从中学到了，不把拒绝当作最终决定来接受是多么重要。拒绝应该对您，亲爱的读者，起到激励的作用，让您展现出更多的热情。

拒绝有着许多张面孔，在现实中它会是什么样呢？“或许明天吧：我还需要更确切的信息，我还不确定，我害怕会失望。”拒绝很少真正地用“不”。而只有真的使用“不”时，才意味着最终的决定。

成为榜样

就算是侏儒也可以比巨人看得更远，只要他站在巨人的肩膀上。

——圣地亚哥·埃斯苔娜

按照孔子的学说，人类可以通过三种途径变得更智慧：

1. 通过思考——最上乘的方式；
2. 通过模仿——最简单的方式；
3. 通过经验——最痛苦的方式。

对于累积所有经验这种方式，人生还太短暂。如果我们观察孩童，就会发现，原来模仿本能是如此地强烈。我们不断地或有意或无意地接收——成年人也一样——来自周围世界的信息。学习的对象，真正为生命学习的对象，只能是比我们更优秀的人。因此我们未来的口号应该是：向榜样学习。对于许多到目前为止取得成功或者经历失败的人——通过经验学习——来说，这种想法是陌生的。如果您长期以来就考虑过这条建议“向榜样学习”，那您内心一定明了其优越之处。能作为榜样的人，是那些在我们之前就已经积累了有益经验的人。他们的经验，我们——如果我们聪明的话——应该直接采纳，而不必再痛苦地亲身经历一次。我们日复一日地忙于许多悬而未决的问题，却很少扪心自问：“我如何能得到对我有帮助的信息，来更容易更迅速地解决这些任务？”

因此我们不禁要问，自己究竟应该读些什么呢？专业书籍几乎都只是为知识分子而写的，也难怪许多人最多只能读20页就丢到一旁，就是因为其枯燥无味的文风和高深难解的专业术语。带有感情色彩的传记类却相反，能较快地深入我们的内心，和经历相结合的信息能很容易地与我们产生共鸣，并植入我们的大脑，由此就可以为日后吸取教训。

弗里德里希·席勒在《华伦斯坦》中谈道：“人类是依赖模仿的生物。”然而很多人却毫无缘由地惧怕榜样。他们不希望照葫芦画瓢，而是要追求特立独行，但模仿和竭力效仿是截然不同的。您可以总是在您个人发展可能性的领域内与榜样寻找共鸣。有两个例子会向您表明，如何从榜样身上学习：

在美国有专门为有才华的年轻作家设立的基金会。这个基金会所支持的学生在前半年只有一个重要任务，那就是，去准确了解自己在文学界的偶像。他们必须从早到晚抄写这些偶像的作品，直到这些偶像的洞察力和写作风格深深地烙在他们的潜意识中，之后他们才能开始独立创作。然而正是这种艰辛的方式，为他们最终找到自己的文风省下了很多时间。原因很简单，就是因为他们完全地感受并分析了他人的文学风格。

另一个例子：

战后的欧洲流行着这样的说法：“日本人除了复制还会干什么？他们甚至复制我们的莱卡相机！”然而从这些复制中——各个领域的复制，从汽车制造到微芯片——诞生了有自主创新能力的强者。

以画画为例，我也可以很容易地解释技能增长的过程。一个年轻的学画者，只有当他能完美复制大师作品的时候，他才掌握了大师的所有技巧，也才真正有可能超越这位大师。一个无法复制自己所崇拜的大师作品的学徒，最终也成不了大师。从古至今有许多例子能证明这个结论。

从今天起就为您的将来探索一种新的学习策略吧。去向别人学习，如何快乐、健康、成功地生活。这条路上的首要准则，就是要认识到，只有从比您优秀的人身上才能真正学到一些东西！对于您的个人实践来说，下面的问题尤其重要：“我想要学些什么呢？”您想要在哪些领域及哪些方面提高您的技能？譬如：和谐的婚姻生活，出色的孩子，充沛的精力。

练习：向榜样学习

很重要的一点是，您要知道，您想要学什么。接下来，有意识地思考和学习总是要以一张纸开始，更好的是以一个文件夹和一支笔开始。您可以在第一页先写上比如说三对长期以来生活美满的夫妻的姓名，然后自己来书面回答下面的问题：

· 这些夫妻是如何对待对方的？

· 他们哪些方面做得比我们好？

· 我可以从他们身上学到些什么？

在第二页纸上，您可以写上三对子女优秀的夫妇的姓名，也提出合适的问题。第三页纸您可以用来记录精神矍铄的老人。第四页纸上可以是根据您的工作领域和行业选出的职业榜样。第五页留给您的投资榜样，这些人是不可或缺的，因为财政安全是和谐生活的重要前提。第六页纸应该致力于加深您的艺术文化理解力。您也可以在这里收集与您兴趣爱好相同的人物，当然您还可以根据自己的侧重点来挑选想要效仿的榜样。

有意识地生活应该成为我们的目标，而要准备好迎接未来的挑战，从他人的成功和经历中学习是最简单的方式。为了进一步深化这个共同的话题，请您先随便写出，自己读过多少本传记。我们的未来、所有的新发展、我们的进步都要基于以往和现在所积累下的知识。一个对成功经营企业感兴趣的人，难道不能从博世、克虏伯、华盖、盖茨那里学到点儿东西吗？一个对政治感兴趣的人，难道不能从德国或国际政治家的传记中学到些什么吗？一个对音乐感兴趣并真正想要从事音乐事业的人，会从巴赫、柴可夫斯基、瓦格纳或者斯特拉文斯基那里汲取无尽的养分。

整个世界就是思想和信息的海洋。我们必须学会取舍，去学习那些我们感兴趣，并能有助于自我发展的东西。

如您所知，我经常训练运动员。如果被问到，自己有哪些偶像时，他们所有人都会随口向我报出许多名字。但如果我在我们的课程中提出同样的问题，大多数参与者却会心烦意乱。他们会表现得很不安，因为他们下意识地感觉到，没有偶像的人自身也成不了榜样。在某次公司培训课上，我提出了一个“我的好领导和他们的行为”的话题，这并不是一个很容易的话题。然而在打开了自己的潜意识大门之后，大多数人都学到了很多东西。其中有个参与者却告诉我："请您原谅，我不想参与讨论这种话题，因为我从来没有遇到过一个好领导。"于是他就没有参加。可是经过日后在公司里的调查，我发现，这个人在他的下属面前就是一个魔鬼上司。

水手需要恒星来计算航线。每个人也是如此，应该通过榜样来确定自己的路线，榜样会向我们树立一个可以完成的积极目标。我们的脑容量是用之不竭的，我们所需要的是一条道路，可以简单、快速又安全地得到我们所需要的知识。这些知识正是确保我们生活健康长久、幸福成功的要素，而榜样就可以向我们指明这条道路。

从古至今最伟大的榜样就是三大宗教的创始人——耶稣、穆罕默德和释迦牟尼。我认为他们都具备两条很重要的品质：专注力和决断力。

很有趣的是，我们这三位榜样在某一特定的时期都有过静修的经历——很有可能是在准备即将到来的一切。专注力是每个榜样人物的本质特点。一个人可以通过持续的练习变得自律，从而获得简化难题的能力，能够拨云见日。简而言之就是：他需要能看到本质的慧眼。

决断力是成为榜样的先决条件。这三位伟大的榜样都需要很强的决断力来面对公众并宣讲自己的学说。游移不定不是榜样所该有的品质，作为榜样要有掌控和主导日常生活各种境况的能力。此外，真正的榜样人物会去切身体察民情，透彻地认识到他们的困难，因为人才是他手中工艺品的原材料。想成为榜样的人，就必须意识到，人类情感中储存着巨大的力量，但这种力量要被唤醒并得到积极利用，就要激发人的想象力和“温暖他们的心灵”。

能牢牢抓住这种被唤醒的自由力量来达到共同目标的人，就能成就大事。那些冷漠麻木、隔岸观火、周旋于世的人，是成不了气候的。请您自我检查一下，是否拥有下面四种榜样应该具备的基本美德：

· **智慧**：在联系之中看待所有事物的习惯，带着耐心、聪慧和敏感，站在高处统观全局。

· **正义**：真诚对待每个人。由此衍生出：人与人之间的感恩，正直以及友好的让步。

· **节制——自我克制**：以期达到人类天性发展——不仅在于自身，还在于与人交往——的新高度。

· **意志力**：内心的定力，能抵御住生命中的引诱和蛊惑，经受住考验，并最终战胜它们。这种定力包括勇气、努力以及自我约束。

简单来讲，榜样，即那些有能力使其他人追随自己的人。

当然也有很多既勇敢又意志坚定的人，但大家却无论如何都不想跟随他。原因在于，人们不知道他们主张的是什么，又想要走向哪里。如果人们不愿钦佩某个人、不能相信他的判断，这个人就绝不会成为成功的榜样。他必须有能力鼓舞跟随者，能够取得信任，温暖他们的心，并且要用他们能明白的语言来解释要做什么。这就要求榜样有敏锐的判断以及知人之明。

榜样人物和他的思想活在未来的世界里。这样的人有着对未来的确切认知，因为他并不是当权者。正是这种对于自己目标、理想的信念，赋予了他冷静战胜艰难处境的力量。因为人们乐意相信自己所看到的，是榜样人物的亮相、和他的目光交流以及他意义非凡的话语。

歌德曾经说过：“人类只会从他所爱的人身上学到东西。”我们自然乐意去追随一个自己尊敬爱戴、作为偶像来接受的人，我们会不自觉地去追随他们。如果我们对一切都提出异议、必须不断为自己辩解、质疑一切、不再有信任，那么这样的生活既糟糕又艰难。有意无意的猜疑会使一切变得更艰难，甚至会毁灭最美好的事物。所以我们的目标是：成为一个辐射出信任之光的人。要树立起做正面榜样的一面，并把这个终极信念牢记在心。三种美德会决定正面榜样的思想和行为：有信、有爱、有希望。

练习：确立原则性

能作为榜样的人，是有责任感并勇于承担的人。榜样不是天生的，而是发展、勇气和社会责任心的产物。榜样人物也有他们自己的榜样。他们会全方位地思考问题，不仅为自己也为他人负责，有很强的正面原则性。这种致力于自己人格完善的努力绝非易事。但这种努力是值得的，也会受到祝福。因此，也请您有意识地写下自己的基本原则。

1.

2.

3.

4.

要通过认识自己来明白您自己具备什么。我们所有的练习并不是要让您变得傲慢自大，更多的是通过练习唤醒个人长远发展的愿望。榜样人物也是一个孜孜不倦的学习者，如果您想像榜样一样生活，那就试着按下面的准则来严格要求自己吧：

学习准则

准则1

学习的过程既要求身体的参与，也要求精神的参与。为了能卓有成效地完成学习，除了相应的辅助工具外，您还需要合适的空间和充足的时间。

准则2

只学习您为达到目标所需要的。但是您所学的，必须要彻底学会。竭尽所能成为您所选专业的专家。

准则3

致力于您内心真正向往的专业。只有在这样的前提下，您才会取得最好的成就。

准则4

天赋异禀唯一区别于低能的地方就在于强烈的学习意愿。因此您要时刻保持您学习意愿的鲜活。如果您在40岁时松懈下来，那么50岁时您就只能是二流的人物了。

准则5

安排好一套进修计划！您今天想学什么，下个月想学什么，明年和后年呢？——准确地写下您的学习目标。

准则6

每节课之前要毫无遗漏地做好准备，为每个学习阶段计划好特定的时间。严肃的脑力活动需要做好必要的心理准备。——您必须对所读的东西理智分析、透彻理解。

准则7

每节课之前要清晰地勾勒出自己的学习目标，并问自己：“我今天要学些什么呢？”

准则8

弄清楚您基础知识范围所需的基本文献，并去研读它们。

准则9

当您学习新知识的时候，一定要毫无遗漏地去弄清每个词的意思，尤其是专业词汇和外来语。千万不要自欺欺人，也不要从一开始就满足于一知半解。

准则10

试着在研究每一个主题时用红笔做记号，这种方法能帮您理解并掌握作品的核心内容。

准则11

从根本上杜绝一心多用，分心会以额外劳动和额外消耗为代价。

准则12

只有通过不断的复习，您才能巩固所学的知识。

结论性准则

取得重大成功的秘诀就是：不满足于所要求的，要多多学习，不断提高能力。

思维训练实践

一开始这只是一个实验，并没有人知道是否真的可行。到现在为止，所有的尝试也都只是在欧洲范围内，借助于催眠术或冥想的力量通过电视这一媒介来进行的——它们都失败了。尽管如此，私人广播公司“卢森堡新频道”还是决定冒这个险：电视机前的观众要在我的帮助下进入催眠状态，从而戒掉尼古丁。

尽管柯尼施泰因戒烟实验取得了巨大的成功，这种催眠疗法也走出了德国，在国外受到了广泛认可，但还是有很多质疑的声音。真的可以让正在观看节目的消费者进入深度放松状态吗？这种催眠的力量真的可以通过荧屏起作用吗？第一次在欧洲通过电视机进行催眠的时候，有过很大的争议。卢森堡新频道的四位节目编辑也进入演播室参与了实验——这四个人都是“不屈不挠”的烟民，而且对此实验完全持怀疑态度。

柯尼施泰因戒烟实验持续了两个小时，但作为电视节目却只规划了20分钟。也就是说，几乎不可能将屏幕前的观众带入到深度的催眠状态中去，结果观众的强烈反响让大家感到震惊。播放过程中电话响个不停，几乎所有的来电者都表示对这个方法感兴趣，希望了解更多，还要求重播，这样他们就可以相应地事先做好准备。后来这期节目自动地延长到了70分钟，这样的强烈反响连卢森堡新频道的工作人员自己也没有想到。很多来电者参与其中，在播放节目的过程中也逐渐成为非吸烟者。节目结束一周后四位实验者也公开表示，他们自从参与这项戒烟活动后就再没有抽过烟。

这次实验成功了，而且四个月后又进行了一次——这次有了更多的时间。在两小时的戒烟节目中，这种催眠的力量不仅感染了演播室人员，更有针对性地直接作用于屏幕前的观众。这次实验也成功证明了，即使不面对面地进行直接的目光接触，催眠也是可以发挥作用的。

卢森堡新频道一共播放过六次戒烟节目——每次都获得了巨大的成功。许多人热情致电或来信，感谢这个实验终于帮他们摆脱了多年的烟瘾；其中也有一些不抽烟的人，感谢这档节目让自己在人生中第一次真正感受到放松。一些曾经的顽固烟民惊异于自己在多次徒劳的努力后，竟然真的摆脱了香烟。

可惜，很快人们又发现，虽然烟民们抽烟的习惯改掉了，取而代之的却是暴饮暴食的癖好。这个方法的问题在于只是把一种嗜好替换为另一种嗜好——要么是消极的，用有害的习惯替代同样有害的嗜好；要么也可以是积极的，用无害的习惯来代替。

在上述例子里，积极等同于无害，因为这样会抵消掉有害健康的影响。抽烟的例子很清楚地表明：消极的习惯会使人成为奴隶，失去自由，还会阻碍到人格完善。一个习惯性考前恐惧的人，将会在所有的考试、决定性的时刻以及面临考验时表现失误，或者只能取得实际可取得成就的一小部分。而克服了考试恐惧症的人——通过自我心理暗示——就可以充分利用自己的潜能。

暗示和自我暗示（他人的或者自我影响）是克服消极习惯的有效方法。戒烟也是基于潜意识具有暗示性的重新编程而实现的。催眠状态下的积极暗示可以更快更有效地深入潜意识，而自我暗示或者借助于系统的CD训练暗示则需要更多的时间产生积极的转变，但是这种方式和催眠术的效果是一样的。放松状态下，深层次的潜意识会受到干预，开始向着催眠术影响下的相同结果长期而缓慢地发展。

消极习惯主要是指，那些妨碍、阻碍到自己，对自己有害，并损害到人格发展的习惯。消极习惯的后果有时甚至是致命的。例如：

有个人对自己的工作不满意。他很清楚，在这个公司没有升职的机会，因为上司不信任他。他赚得不多，又不能享受空闲时间，因为下班后他还在为不满的工作状态抱怨不休。而他在这个公司工作了十多年，已经习惯了这种状态，所以根本想不到要去改变些什么。他不去找上司谈话，努力让他改变对自己的看法，或者考虑调动职位。其实他早就放弃了主动变消极为积极的希望。他沉溺于这种不满，不满也不会舍他而去。后果就是：公司里人人都认为他不可信赖，没有激情也没有乐趣地混日子，所以也就一无所成。上司再也不会想到给他升职的机会，妻子也不满，因为丈夫总是对工作牢骚满腹，却根本不做什么实际的事情去扭转这种局面。日复一日，年复一年，工作和私人生活的压力越来越大，消极的连锁反应只会使境况越来越糟。要解决这些问题，只有这个人咬紧牙关，去打破这种循环，也就是说要努力克服自己怨天尤人的消极习惯，代之以积极的习惯，比如自我暗示："我要尽我所能，满心欢喜地去工作，热爱我的工作。"

这个目标是通过职位调动还是转换工作理念来实现，是由自己决定的。起决定作用的只有一点：他能否将生活中阻碍自己人格发展的消极因素，系统而全面地转化成积极的因素。但要知道，这可不是一朝一夕的工夫。如果真像试验中所证明的那样，抽烟这样的恶习都可以通过电视屏幕这种外力影响而克服的话，那么很明显：每个习惯都可以被改变，每个缺陷都可以被战胜！我们再来看一个例子：

有个母亲一直很害怕自己的孩子会发生什么不测。她会把正在攀援架上玩耍的四岁大的孩子拉回来，因为孩子有可能会摔下来；她会每天陪十岁的孩子去学校，这样他就不会被车撞到。她将自己的孩子挡在每种想象中的危险前，保护得死死的——结果就教育出了战战兢兢的孩子，从未学过去信任什么。如果这位母亲能打破这种过度保护的循环，或许她能看到一个更自信的孩子，可以自己过马路，能掌握攀援架上的平衡，也会比那些没有尝试过对自己负责的孩子少些危险。但她已经习惯于对孩子时时刻刻的过度保护，以致没有感到自己灌输给孩子的是对生活的恐惧。她的消极习惯也植入到孩子体内，成为孩子一生的沉重枷锁。

你在想什么，决定了你会成为什么！

能用好习惯代替陋习的人是成功者，因为他克服缺陷取得了成功。每个战胜消极习惯的成功、每个积极的重新编程都会促进自我意识的提升。一个自信的人会在他的朋友圈中引起积极的连锁反应。那些戒烟成功的人向周围的人不断讲述的，不仅仅是戒烟成功如何改变了他们自己，更多的是他们周围的环境是如何因这个昔日“烟草奴隶”自信的新形象而焕然一新的。

潜意识有将每个想法转变为现实的潜力。如果一个人能够有针对性地去影响自己的潜意识，那么他就可以信赖自己内心的力量，而这种力量会自动地把他的行为举止引入既定轨道。通过暗示CD，积极的习惯就深深植入潜意识并潜移默化地决定我们的行为。但前提是要有有所改变的坚定意愿。不想戒烟的人是不可能戒掉的；对现状不满但却不愿改变的人，也就终生处于不满的状态。只有带着改变现状的意愿，我们的潜意识才能准备好并最终接受任务，一步步接近以意识和想法为存在前提的目标。在这个过程中，果断和毅力是不可或缺的，而每一次积极转变最终都会收获新的生命活力的桂冠。

恩格尔曼方法的23个优点

1. 您会通过自己的决断力获得更多的成功。
2. 您会提高自己的工作能力。
3. 您会有效地鼓舞他人。
4. 您很快就能消除自己的精神负担。
5. 紧张带来的抱怨很快就会消除。
6. 您的健康状况会得到改善。
7. 您可以更好地利用自己的休息时间。
8. 您可以更投入地享受自己的空闲时间。
9. 您可以随时实现从紧张到放松的转换。
10. 您可以带着愉悦入睡。
11. 您不会感到压抑。
12. 您会自由地发展自己。

13. 您经历了自我意识的提升。
14. 您会感受到自己精神和意愿力量的提高。
15. 您就算在紧急状态下也能全神贯注。
16. 您可以在极端条件下保持头脑的清醒。
17. 您可以信任自己的反应。
18. 您会在自己的内心发现勇气和乐观。
19. 您会按照问题的本来面目去认识它。
20. 您会发展出卓越的记忆力。
21. 您的潜意识是您最好的下属。
22. 您的个人态度将是明朗乐观的。
23. 您会成为一位受尊敬的人。

关于作者

尼古拉斯·B·恩格尔曼是几年来德语地区最重要的激发潜能和成功学的培训师。他被认为是采用心理学原则激发潜意识方面的学术权威。

恩格尔曼在柏林曾师从于哈泽洛夫、霍克海默和戈德施密特等人，学习心理学和社会学。1971年他在利普施塔特建立了演讲学院，自1974年在巴登-巴登担任谢尔巴赫学院领导，并于1978年在陶努斯山区柯尼希施泰因设立了直到今天依然满载盛誉的恩格尔曼学院。

1975年，尼古拉斯·B·恩格尔曼将思维训练引入到运动之中。他曾指导奥地利跳台滑雪国家队获得了金、银牌，以及世界冠军的称号。1979年他担任德国滑雪队顾问，伊蕾娜·艾普尔获得了当时的银牌。1981年恩格尔曼创办《成功之路》杂志。自1987年起他开设戒烟训练班，并获得了巨大的成功。

他所开设的课程总是结合实际、内容翔实，包括了一系列建议和忠告，学员可以毫无障碍地掌握课程内容，并直接运用于个人生活。他的课程核心不是简单的过度激励，而是侧重于对于个人潜能的激发。一流运动员、医生、优秀企业管理者以及其他各行各业的人们都得益于恩格尔曼方法，获得了自信、沉着、专注的品质，并最终由此走向成功。一些联合企业、大公司以及有长远发展计划的中等企业纷纷邀请尼古拉斯·B·恩格尔曼为他们的员工开设企业内部的潜能激发培训课。

恩格尔曼著有多部作品，其著作曾被翻译成多种语言。此外，他还制作了超过50个音频、视频培训项目，并参与了多个电视节目的录制。